少一個動作
多一點健康
連皮帶籽一起吃的

全食物蔬菜料理63

青木敦子 Atsuko Aoki

蔬菜的魅力就在…

引言

一旦深究起蔬菜水果的營養價值，你一定會驚訝於藏在外皮中的許多「美味」秘密。

平常理所當然地丟棄的蔬果外皮，其實是營養與美味的寶庫！

本書要為您介紹各種帶皮料理，告訴您如何透過蔬果的皮與籽，攝取讓人更健康美麗的10種營養成份，同時藉由營養的加乘作用，滿足您一石二鳥，甚至是一石三鳥的欲望。

若能讓各位在讀完本書後，改變對蔬果外皮的看法，將是無上的榮幸。

青木敦子

料理研究家、食物調理搭配師、橄欖油品油師、營養師
曾留學於義大利佛羅倫斯，學習外語及美食料理。之後為了進一步學習料理，更遠赴歐洲杜林、米蘭、波隆那、萊切、法國、西班牙等地超過 40 次。2007 年於義大利取得橄欖油品油師的資格後，每年赴歐 2 ～ 3 次學習橄欖油相關知識。是自認也是公認的營養狂熱份子。著作包括《おいしいイタリア料理の教科書ー本場の味がきちんと出せる！（暫譯：美味義大利料理教科書ー做出最道地的味道！）》（新星出版社）、《調味料用得好，新手也能變大廚》（野人）、《食材を使い切るのがおもしろくなる本（暫譯：讓徹底善用食材變有趣）》（扶桑社）、《オリーブオイル和食（暫譯：橄欖油和食料理）》（扶桑社）。
個人網站：

http://www.d3.dion.ne.jp/~akoa

完整運用

洗

切

烹煮

完成！

營養價值UP!!

連皮吃＝天然的營養補充品

- 能夠輕易攝取到維他命、礦物質、膳食纖維、植化素等無法於體內合成的營養素！

連皮吃讓你更美麗！

- 負責保護蔬菜內部的外皮，富含具抗氧化作用的植化素。而其抗老化效果亦十分出色，可改善皺紋、色斑、皮膚粗糙等女性大敵！

簡單!!快速!!

省掉去皮的麻煩!!

- 可大幅縮減做菜時間。
- 省去事先處理的麻煩，心情更輕鬆！

大幅減少廚餘量！

- 徹底運用食材，毫無浪費，聰明節約！而且還很環保。
- 事後清理也輕鬆。

帶皮料理63

index

chapter 1 就是要連皮一起吃!!

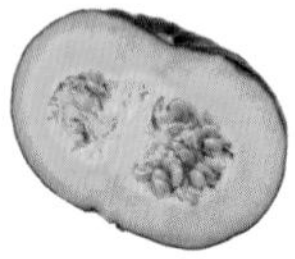

chapter 2
水果也要帶皮吃!!

chapter 3
葉片及葉柄、莖、籽、囊，全都煮進去!!

本書的標記方式

- 在食材的份量方面，1杯為200毫升（200cc）、1大匙為15毫升（15cc）、1小匙為5毫升（5cc）。
- 食譜中有寫出標準份量與時間，不過實際烹飪時請依狀況自行調整。
- 食譜中的「飯類」是指主食，「主菜」是指主要菜餚，而「配菜」、「小菜」則是指其它副菜。

10種營養成分與其效用

1 膳食纖維

所謂的膳食纖維，是無法被消化酵素消化的食品成分總稱。可分為不溶於水的非水溶性，與可溶於水的水溶性兩種。它做為緊接在五大營養素之後的第六大營養成分而備受關注。

營養功效

①刺激消化道，促進其蠕動
②增加腸道內的好菌，調節腸內環境
③預防、改善便秘
④有飽足感，避免過度攝取熱量
⑤促進膽汁酸的分泌，抑制血液中的膽固醇
⑥供腸道內的有害物質吸附，藉此將之排出
⑦降低葡萄糖的吸收速度

2 植化素

所謂的植化素，就是蔬果的色素或辣味成分，是存在於植物中的天然化學物質。它具有優秀的抗氧化效果，有助於提升免疫力，包括多酚類、胡蘿蔔素、硫化物等。由於外皮和籽的部分多酚素含量較高，若能連皮帶籽一同攝取，效果更佳。

營養功效

①抗氧化作用
②預防癌症
③預防動脈硬化、心肌梗塞、中風、心血管問題等，由不良生活習慣所引起的疾病
④防止老化

可從蔬菜水果攝取到的

3 β-胡蘿蔔素

所謂的β胡蘿蔔素，是指一種大量存在於動植物中的橘紅色色素。在黃綠色蔬菜中含量特別豐富，為人體吸收後，會依需要轉換成維生素A，而剩餘的β胡蘿蔔素則發揮強大的抗氧化作用。由於其為脂溶性，與油一同攝取可更有效吸收。

營養功效

①預防、改善夜盲症
②預防黃斑部病變
③維護黏膜健康
④美膚效果
⑤促進身體生長
⑥預防及抑制癌症

4 維生素C

維生素C是調節身體機能必不可少的營養素，為水溶性的維生素，具有可溶於水的特性，因此做成湯類料理較有利於吸收。

此外，維生素C不耐熱，容易被鹼及氧等破壞，無法於體內合成，也無法貯存，所以要記得每天攝取。

營養功效

①生成膠原蛋白，強化血管、皮膚、黏膜、骨骼，並提高免疫力
②增加鐵與銅的吸收，幫助合成血紅蛋白，預防貧血
③具有抗氧化作用
④抑制致癌物「亞硝胺」的生成
⑤抑制黑色素的生成，能夠預防色斑、雀斑
⑥強化白血球的作用

5 鉀

鉀是一種有助於體內維持在一定的理想狀態（體內平衡）的礦物質，與鈉同為體液的主要成分。鉀易溶於水，不耐熱，因此須注意要盡量以生食的方式攝取。

營養功效

①和鈉一樣，可維持滲透壓，保持水份平衡
②抑制鈉的吸收，促進排尿，還可抑制血壓的上升
③改善肌肉的作用
④預防水腫

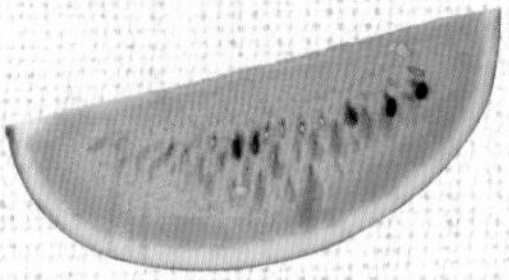

6 維生素B群

所謂的維生素B群，包括B_1、B_2、B_6、B_{12}、菸鹼酸、泛酸、葉酸、生物素等8種維生素，這些維生素彼此具有互助合作的關係，在代謝方面扮演了重要角色。它為水溶性維生素，具有可溶於水的特性，其中維生素B1等若與大蒜與蔥等富含的大蒜素一同攝取，會有促進糖份代謝的效果。

營養功效

①消除疲勞、恢復體力（維生素B_1）
②促進生長（維生素B_2、維生素B_6）
③預防貧血（維生素B_{12}、葉酸）
④維持黏膜與皮膚的健康（菸鹼酸）
⑤產生能量（泛酸）
⑥維護女性的健康，尤其孕婦（葉酸）
⑦降血糖（生物素）

7 茄紅素

茄紅素是紅色的色素成份，為類胡蘿蔔素的一種。據說茄紅素的抗氧化能力是β胡蘿蔔素的2倍、維生素E的100倍。由於為脂溶性，故與油一同攝取較能有效吸收。

營養功效

①改善血液循環
②預防、改善由不良生活習慣所引起的疾病
③預防肥胖
④美膚效果
⑤改善視力

8 維生素E

維生素E是一種具有強大抗氧化作用的維生素，可保護身體，避免活性氧帶來的各種危害。由於為脂溶性，與油一同攝取較能有效吸收。另外，若與具抗氧化作用的維生素C及β胡蘿蔔素一同攝取，可因加乘作用而進一步提高抗氧化能力。也被稱做是能防止老化的維生素。

營養功效

①抑制不飽和脂肪酸的氧化，保護身體不受活性氧的危害，預防老化及由不良生活習慣所引起的疾病
②防止紅血球溶血
③維持生殖功能正常

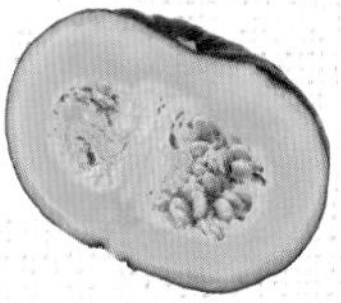

9 蝦青素

蝦青素（亦稱蝦紅素）是紅色的色素成份，為類胡蘿蔔素的一種。據說其抗氧化能力為β胡蘿蔔素的100倍、維生素E的1000倍。由於蝦青素為脂溶性，故與油一同攝取較能有效吸收。而若能與維生素C及E一同攝取，更能進一步提高其抗氧化能力。

營養功效

①改善眼睛疲勞
②預防眼部黏膜發炎
③強力的抗氧化作用
④預防動脈硬化、代謝症候群
⑤緩解肌肉疲勞
⑥美白、美膚效果

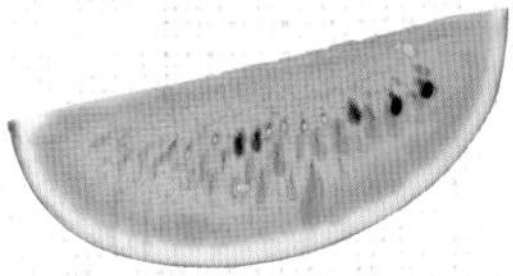

10 鈣質

鈣質是一種構成骨骼等身體組織的礦物質，具有調節身體機能的功效，屬於五大類營養素之一。人體中的鈣質約有99％都在骨骼、牙齒裡，剩下的1％在神經、肌肉、血液等處。最好與可提高鈣質吸收率的維生素D、蛋白質，還有可防止骨骼中鈣質流失的維生素K、異黃酮等一同攝取。

營養功效

①形成骨骼與牙齒
②維持體液與血液的正常狀態
③維持神經功能及肌肉收縮正常
④凝血作用
⑤活化酵素

含有豐富的植化素！

備受關注的營養素

植化素是緊接在膳食纖維之後，以「第七大營養素」之姿備受矚目的一種營養成分。

植化素的英文為Phytochemical，其中的「Phyto」是希臘文中「植物」的意思。它是植物為了保護自身免於紫外線及昆蟲等的危害製造出來的物質，有助於維護人體健康。主要富含於蔬果外皮的色素、香味成份及苦澀味中。

植化素具有提升免疫力的效果。最有名的是葡萄酒所含的多酚類，其他還有許多種類，例如香菇所含的β葡聚醣等，存在於各式各樣的植物中。

健康之源

植化素能發揮強大的抗氧化效果，保護身體免於活性氧的危害，同時具備預防癌症、動脈硬化、心肌梗塞、中風、心血管問題等，由不良生活習慣所引起的疾病，並能防止老化。

比起單獨攝取，與其他營養成分組合在一起，更能發揮植化素的威力。

P18 烤洋蔥

P47 蘋果與番茄之糖拌薑汁肉桂

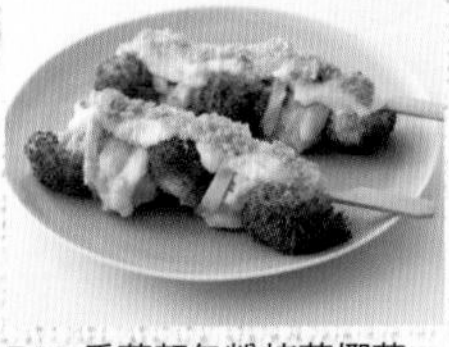
P63 香草麵包粉烤花椰菜

P68 香菇魚漿煎餅

外皮

植化素有哪幾種？

據說植化素約有 1 萬種之多，
現在已發現至少 3000 種以上。
之後可能還會發現各式各樣更多不同種類的植化素。
較具代表性的植化素，可大致分成如左的幾類。

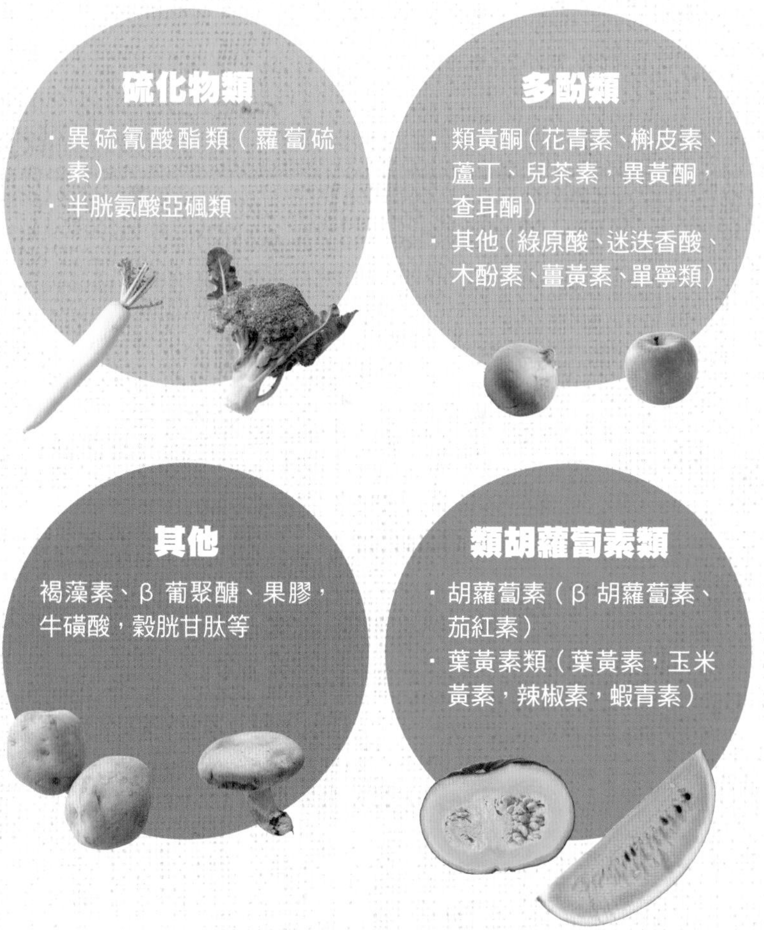

※ 除了上述所列，還有很多其他種類的植化素存在。

加上橄欖油，讓營養價值再UP！

❶ 橄欖油富含具防老化、抗氧化作用的維生素E、β胡蘿蔔素、植化素等營養成分。與各種食材搭配食用，不但可增進吸收，更可進一步提升抗老化效果！

❷ 刺激腸道。和具活化腸道蠕動效果的橄欖油，與膳食纖維豐富的食材一起食用，可發揮加乘作用，調整腸道環境！

❸ 與黃綠色蔬菜搭配食用，能有效吸收脂溶性維生素，可解決色斑、皺紋、皮膚粗糙等肌膚問題！

❹ 橄欖油所含的維生素D與K，可促進人體吸收食材中的鈣質！

關於農藥的問題

已經過嚴謹的安全性檢查!!

農農藥扮演著保護蔬菜水果免於害蟲及雜草等天敵侵害的角色。為了避免殘留的農藥對人體健康造成危害，日本的厚生勞動省對所有農藥都有設定標準*。而該標準的實行，是由全國各地的公共團體及檢疫所針對「帶皮清洗前」的狀態進行檢查，符合標準的蔬菜、水果才能在超市或蔬果店販售。

因此，「帶皮」烹調時不需擔心農藥的問題，但由於表面可能沾有砂土及垃圾等髒汙，所以還是要稍微清洗一下才好！

＊編註：台灣也有針對蔬果農藥殘留的檢測而設立的農委會藥物毒物試驗所，其農藥檢測技術成熟，抽查合格率高達98%以上，也受日本等國肯定。

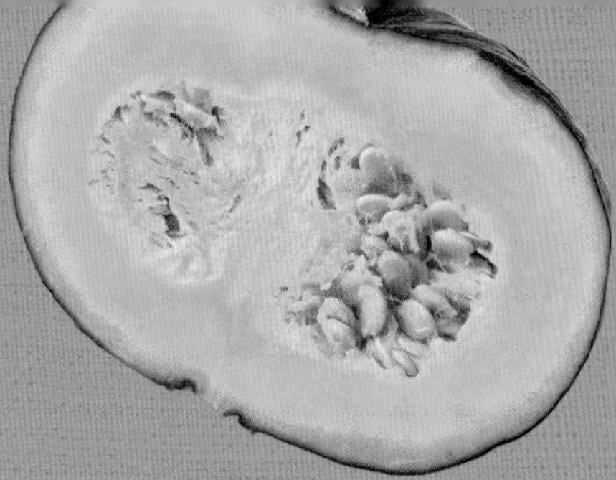

chapter 1

就是要連皮一起吃!!

經常被扔掉的蔬菜外皮，
其實凝聚了獨特的美味與豐富的營養成分！
這是因為外皮為了保護內部，
進而生成、蓄積了許多營養素與美味成分。
例如胡蘿蔔的皮若與油一同烹調會更顯甘甜，
而白蘿蔔的皮則富含具美容效果的維生素C。
第1章要為各位介紹的，就是運用了這種萬能食材
——「皮」的各式料理！

胡蘿蔔

能除去活性氧，具抗氧化力之 β 胡蘿蔔素含量為蔬菜之最！

胡蘿蔔涼拌納豆吻仔魚

小菜

- 預防骨質疏鬆症
- 改善便秘
- 抗老化

材料（2 人分）

胡蘿蔔⋯60 公克（切絲）
吻仔魚⋯20 公克
蒜頭⋯1 瓣（切片）
鹽昆布⋯5 公克
橄欖油⋯1 大匙，適量
納豆⋯1 盒（約 50 公克）
A［醬油⋯1/2 小匙
　 美乃滋⋯2 小匙
胡蘿蔔的葉子⋯適量

做法

1 將橄欖油（1 大匙）、蒜頭放入平底鍋，以小火加熱，炒出香氣。接著加進胡蘿蔔，以中火炒軟後，再加入鹽昆布、吻仔魚拌勻，關火，盛入碗中放涼。

2 將 A 拌入納豆中，再倒入 1 徹底拌勻後，盛盤，淋上橄欖油（適量），以胡蘿蔔葉做裝飾。

營養筆記

● 預防骨質疏鬆症

從納豆、吻仔魚吸收可強化骨骼的鈣質，從吻仔魚、橄欖油中獲得可增進鈣質吸收的維生素 D，並從納豆攝取有助於骨質形成的維生素 K，是一道增加骨質密度的料理！

由於胡蘿蔔亦含有會破壞維生素C的酵素，故最好添加少許柑橘類果汁、醋，或是加熱處理！

胡蘿蔔

外皮比內部更為甘甜，是能夠提高免疫力的胡蘿蔔素寶庫！

胡蘿蔔捲

主菜

- 美膚
- 抗老化

材料（2 人分）

A
- 胡蘿蔔 ··········· 80 公克（以削皮器削成薄片）
- 起司片 ················· 2 片

豬五花肉片 ············ 120 公克（4 片）

鹽、胡椒 ····················· 適量

B
- 水 ················· 300 毫升
- 高湯塊 ················· 1 塊

太白粉水

太白粉、水 ······ 各 2 小匙

胡蘿蔔的葉子 ··········· 適量（大略切碎）

做法

1 將 4 片豬五花肉片以不重疊的方式並排鋪平，疊上 A 後，灑點鹽與胡椒，從一端開始捲起成條狀。

2 將 1 以收口朝下的狀態放入鍋中，加入 B 後，蓋上略小於鍋口的鍋蓋（亦可用錫箔紙取代），用中火加熱，偶爾翻面，燉煮 20 分鐘。

3 待肉片熟透後，取出，切成方便食用的大小後，盛盤。

4 將太白粉水加進剩餘的湯汁中勾芡，然後淋在 3 上，再以胡蘿蔔的葉子做裝飾。

營養筆記

● 美膚效果

藉由豬肉的膠原蛋白與胡蘿蔔的營養成分－維生素 C、β 胡蘿蔔素、茄紅素的組合，幫助皮膚細胞成長，加快皮膚的修復速度，據說可賦予肌膚水嫩透明感喔！

軟Q的口感令人難以抗拒，給人全新感受的小菜！當成點心吃也不賴。

胡蘿蔔

富含具利尿效果的鉀，可預防水腫！

胡蘿蔔麻糬

小菜
- 美膚
- 抗老化

材料（2人分）

A
- 胡蘿蔔……200公克（連皮一起磨成泥）
- 太白粉……6大匙
- 雞高湯粉……2小匙

奶油……20公克
水田芥（又稱作西洋菜、豆瓣菜）……適量
黑胡椒……適量

做法

1 將A放入碗中充份拌勻，分成4等份，揉成球形後再壓扁成圓餅狀。
2 用平底鍋加熱奶油使之融化後，放入1，以中火煎至兩面金黃。最後盛盤，用水田芥裝飾，並灑上黑胡椒。

營養筆記

● 永保美麗

胡蘿蔔的β胡蘿蔔素、α胡蘿蔔素、茄紅素、花青素，搭配奶油中的維生素E，可抑制動脈硬化及心肌梗塞之根源－活性氧，讓身體不生鏽！

用胡蘿蔔取代義大利麵條的健康
料理！吃到撐也不會有罪惡感！

胡蘿蔔

含有可改善視網膜細胞之血液循環的花青素，能有效預防眼部疾病！

胡蘿蔔義大利麵

主菜 小菜

- 抗老化
- 美膚
- 排毒

材料（2 人分）

胡蘿蔔……………200 公克（約 1 根）
蝦仁…………………100 公克（去腸泥）
綠花椰菜……………80 公克（剝成小朵）
A
- 鹽麴………………1 大匙
- 柚子胡椒……2/5 小匙

橄欖油……………………適量
帕馬森起司或起司粉 適量

做法

1. 用削皮器將胡蘿蔔削成麵條般的細長條狀。
2. 將橄欖油倒入平底鍋，加進 1、蝦仁、綠花椰菜，以中火拌炒。
3. 待蝦仁熟透，蔬菜變軟後，倒入 A 拌炒，拌勻後便可關火，盛盤。最後淋上一點橄欖油，灑上帕馬森起司（或起司粉）。

營養筆記

擊退長期堆積於體內的廢物

綠花椰菜中具強力解毒作用的蘿蔔硫素，加上胡蘿蔔中具利尿效果的鉀，還有橄欖油中可調節小腸環境的葉綠素，三重排毒，超暢快！

洋蔥

可降血壓、預防動脈硬化的槲皮素，在洋蔥外皮中的含量是內部可食用部份的 5 倍之多！

小菜

抗老化
減重
預防血栓

烤洋蔥

材料（2 人分）

洋蔥……2 顆
橄欖油……2 大匙
培根……2 片
起司粉（帕馬森起司）……2 大匙
鹽……適量
黑胡椒……適量

做法

1 以十字型切開洋蔥，將培根折成方便夾入的大小後，夾進切口，於夾縫處灑入帕馬森起司。
2 將 1 放在錫箔紙上，灑上鹽與胡椒，再淋上橄欖油後，包起。
3 放入預熱至 180 度的烤箱烘烤約 1 小時左右，即可取出盛盤。

營養筆記

減重時的好夥伴

新活化新陳代謝的大蒜素，搭配培根中的維生素 B_1，能促進糖份的代謝，再加上可促進脂肪分解的增精素，更能幫助減重！

雖然外皮有點不易食用，有時會殘留在口中，但由於其清血效果值得期待，故要積極地多吃！

洋蔥

由於外皮含有可改善便秘的膳食纖維，因此排毒效果相當值得期待！

甜點

●抗老化
●血栓防止

糖煮洋蔥

材料（2人分）

洋蔥……1顆

A
- 白酒……400毫升
- 砂糖……80公克
- 肉桂棒……1根
- 水……100毫升
- 檸檬皮……1片

醬油（依個人喜好）適量

做法

1. 將洋蔥切成4等份的半月形。
2. 把A加入小鍋中充分混合，再放入1並蓋上鍋蓋，以小火煮1小時左右。
3. 煮至洋蔥軟化，即可盛盤。食用時可依個人喜好淋上少許醬油。

營養筆記

●**預防血栓**

以洋蔥中可使血流順暢的槲皮素與阿交烯、大蒜素，搭配可促進血液循環及發汗效果的肉桂，創造出不易形成血栓的體質！

白蘿蔔泥放久了味道會變差，維生素 C 也會流失，所以要吃之前再磨喔！

白蘿蔔

連皮一起磨成泥，其中的分解酵素－澱粉酶能夠有效促進消化！

主菜

排毒
抗老化

蘿蔔泥燉鮭魚

材料（2 人分）

帶皮的白蘿蔔泥……1 杯（約 200 公克）
水……50 毫升
日式沾麵醬汁（2 倍濃縮）……3 大匙
柚子胡椒……1/5 小匙
生鮭魚（1 片切成 4 等份）……2 片
麵粉……適量
麻油……適量
白蘿蔔的葉子……2～3 枝（約 15 公克）
鹽、胡椒……適量
太白粉水
太白粉、水……各 1 小匙

做法

1 將白蘿蔔泥、水、日式沾麵醬汁、柚子胡椒放入鍋中，開火煮滾，再倒入太白粉水勾芡，然後關火。
2 將麻油倒入平底鍋，以中火拌炒切碎的白蘿蔔葉，炒軟後灑點鹽調味。
3 在鮭魚的兩面塗抹鹽與胡椒，再裹上麵粉，放進已倒入麻油的平底鍋中，用中火油煎。待鮭魚熟透，兩面都呈金黃色後，即可起鍋。
4 將 3 放入 1 的鍋中，開中火，煮滾後便可關火盛盤，最後放上 2 做裝飾。

營養筆記

阻止衰老
利用鮭魚中具強大抗氧化能力的蝦青素、麻油中可維護皮膚和頭髮健康的芝麻素、白蘿蔔中具皮膚生成等美容效果的維生素 C、白蘿蔔葉中的維生素 C 與 β 胡蘿蔔素，再搭配麻油的維生素 E，來防止老化！

白蘿蔔

白蘿蔔皮含有一種叫芥子酶的酵素，具有抑制癌症的效果！

主菜　配菜

美膚
排毒

酥炸蘿蔔雞塊

材料（2人分）

白蘿蔔（切成滾刀塊）……150公克
雞胸肉（切成一口大小）……100公克（1/2片）
A
- 壽司醋……5大匙
- 番茄醬……2大匙
- 蜂蜜……1/2小匙

太白粉……適量
炸油……適量
綜合生菜葉……適量

做法

1 用牙籤在蘿蔔塊上戳幾個洞。
2 將A與蘿蔔、雞胸肉放入食物保鮮袋中揉捏，並放置1小時左右以醃漬入味。
3 將2瀝乾水分，裹上太白粉，從蘿蔔開始，放入170度的熱油中慢慢油炸，待蘿蔔變軟即可取出，接著放入雞肉炸至熟透。
4 將綜合生菜葉鋪在盤中，再放上3。

營養筆記

調理皮膚狀況

以雞胸肉中可維持皮膚彈性、光澤的膠原蛋白，以及可使皮膚細胞正常運作的維生素A，搭配蘿蔔中有助於皮膚生成的維生素C，與番茄醬中可增加膠原蛋白量的茄紅素，徹底解決肌膚問題！

白蘿蔔

白蘿蔔皮中所含的維生素 P 可降低血液中的膽固醇值，在改善血液循環方面效果卓著！

主菜

- 排毒
- 預防骨質疏鬆症

蘿蔔千層麵

材料（2 人分）
（16×10× 高度 5 公分的焗烤盤）

白蘿蔔（以削皮器沿縱向削出長薄片）100 公克
嫩豆腐……………150 公克
高湯粉………1 又 1/2 小匙
橄欖油…………………1 大匙
豬絞肉……………150 公克
番茄醬…………………3 大匙
韓式辣醬………………3 大匙
披薩用起司絲……50 公克
麵包粉…………………3 大匙
切碎的巴西里（洋香菜）
……………………………適量

做法

1 用廚房紙巾吸乾嫩豆腐的多餘水分後，把豆腐放入碗中，用打蛋器攪拌至滑順後，再加入高湯粉、橄欖油繼續拌勻。

2 另取一碗，放入豬絞肉、番茄醬與韓式辣醬，均勻混合。

3 在焗烤盤中依序疊上 1/3 份量的白蘿蔔片、1/3 份量的 1、1/3 份量的 2、1/3 份量的披薩用起司絲、麵包粉（1 大匙）。重複 3 次這樣的操作流程。最後灑上切碎的巴西里，放入預熱至 180 度的烤箱烤 20 分鐘左右。

營養筆記

● 強化骨骼

以起司與白蘿蔔中構成骨骼主要成份的鈣質，搭配橄欖油中有助於鈣質吸收的維生素 D、K，再加上豆腐中可防止骨質流失的異黃酮，期待能長出強健的骨骼！

白蘿蔔

蘿蔔皮富含具抗氧化作用的維生素 C，以及可強化微血管的維生素 P！

小菜

● 排毒
● 活血

蘿蔔煎餃

材料（2 人份）

白蘿蔔（切成圓形薄片）……24 片
鹽……適量
A
- 罐頭鮪魚……80 公克（1 罐）
- 洋蔥（切碎）……40 公克（1/4 顆）
- 麵包粉……10 公克
- 薑泥……1/2 小匙
- 蒜泥……1/2 小匙
- 砂糖……1/2 小匙

太白粉水……適量
麻油……適量
巴西里（洋香菜）……適量

做法

1 將蘿蔔片平鋪排列在大淺盤中，灑鹽後靜置一段時間，直到蘿蔔片軟化。
2 將 A 放入碗中充分攪拌均勻，分成 12 等份。
3 將 2 放在 1 上，於蘿蔔片邊緣塗抹太白粉水，再疊上一片蘿蔔片，然後按壓邊緣使之黏合。以此方式製作共 12 個。
4 將麻油倒入平底鍋，把 3 並排於鍋中，蓋上鍋蓋，以中火蒸煎 3 分鐘。翻面後，再煎 3 分鐘，待蘿蔔變軟，即關火盛盤，最後用巴西里做裝飾。

營養筆記

● 提升代謝

利用白蘿蔔中可活血暖身的甲硫醇，生薑中的薑油酮，洋蔥與大蒜中的大蒜素、阿交烯、增精素，還有鮪魚中可清血的 IPA，以及麻油中可改善血液循環的維生素 E 等，有效對抗手腳冰冷！

南瓜中的維生素E含量為蔬菜之最，而維生素E亦有回春維生素之稱！

南瓜

南瓜囊有很強的抗氧化能力，而具美容及抗老化效果的β胡蘿蔔素含量更是果肉部分的約莫5倍之多！

主菜
抗老化
美膚

南瓜漢堡排

材料（2人份）

南瓜（將瓜囊切碎，瓜肉磨成泥）……100公克
牛豬混合絞肉……100公克
鹽……1公克
麵包粉……20公克
牛奶……4大匙
A
- 大阪燒醬……3大匙
- 番茄醬……3大匙
- 紅酒……3大匙
- 豆瓣醬……1/2小匙

鴻喜菇（剝成小朵）……60公克
橄欖油…適量
水田芥…適量

做法

1. 將麵包粉泡入牛奶中。
2. 將絞肉、鹽放入碗中充分混合，攪拌摔打出黏性後，再加入南瓜與1拌勻，接著分成2等份塑形後，放入冷藏庫靜置30分鐘。
3. 將橄欖油倒入平底鍋，放入2，以大火煎1分鐘左右。翻面後，轉小火，額外加水（50毫升）並蓋上鍋蓋，用小火蒸煎7分鐘左右。
4. 另取一平底鍋，放入A、鴻喜菇，以小火加熱。一邊加熱一邊拌炒，待鴻喜菇軟化，即可關火。
5. 將漢堡排盛盤，澆上4的醬汁，再以水田芥裝飾。

營養筆記

● 預防不良生活習慣引起的疾病

以南瓜中具抗氧化作用的β胡蘿蔔素、維生素C與E，搭配牛豬混合絞肉中具細胞修復功能的膠原蛋白、可強化維生素E作用的硒等，藉此產生加乘作用，好提高抗氧化力，並防止細胞老化。

酸酸甜甜的黑醋醬汁包裹著南瓜
與豬肉，令人食慾大增！

南瓜

南瓜皮有可提升免疫力的胡蘿蔔素及酚類，還含有可強化維生素 E 作用的硒！

配菜　小菜

● 抗老化
● 美膚
● 消除疲勞

南瓜南蠻漬

材料（2 人份）

南瓜……140 公克
豬里肌肉薄片……3 片
麵粉……適量
炸油……適量

A
- 黑醋……25 毫升
- 黑糖（紅糖）15 公克
- 醬油……30 毫升
- 水……30 毫升

B
- 胡蘿蔔（切絲）……20 公克
- 青椒（切絲）…1/2 個
- 洋蔥（切絲）…1/4 顆

做法

1. 將南瓜的籽與囊都挖除，切成 5 ～ 6 公釐的薄片，再將豬肉片切半，將兩種食材分別裹上麵粉。
2. 以 180 度的熱油油炸 1。
3. 在耐熱的碗中放入 A，以打蛋器充分攪打混合，不覆保鮮膜直接放入微波爐，用 500 瓦加熱 30 秒左右後，攪拌至黑糖徹底溶化為止。
4. 將 2、3、B 一同放入大淺盤中靜置一段時間，待入味後即可盛盤。

營養筆記

● **培養不易疲勞的體質**

結合洋蔥中有助於強身健體的大蒜素與糖、豬肉中可活化脂肪能量代謝的維生素 B1，以及黑醋中可改善血液流通並去除乳酸的檸檬酸，三效合一，將累積的疲勞一掃而空！

雖然南瓜籽有些不易食用，但在德國甚至被做為藥用材料使用，可有效解決排尿方面的問題喔！

南瓜

南瓜籽為高蛋白食材，又含有豐富礦物質，非常適合低血壓及貧血者食用！

南瓜脆沙拉（搭配南瓜囊沙拉醬）

沙拉
● 抗老化
● 排毒

材料（2人份）

南瓜……50公克
水菜……1把（約50公克）
雞胸肉……1條
酒……1大匙
南瓜籽……適量
橄欖油……適量
A
- 蠔油……1大匙
- 伍斯特醬……1大匙
- 橄欖油……1大匙

南瓜囊……12公克

做法

1 南瓜挖除籽與囊後，將籽擦乾，囊切碎，果肉部分則以削皮器削成薄片，另外將水菜切成5公分長。
2 將雞胸肉放入耐熱盤中，淋上酒，覆上保鮮膜後放入微波爐，以500瓦加熱1分鐘。翻面後，再加熱1分鐘左右，直到雞胸肉熟透。接著拿掉保鮮膜稍微放涼，然後撕成細絲。
3 用稍微多一點的橄欖油煎炒1的南瓜籽部分，炒至焦脆。
4 將1的南瓜囊部分加進A，充分混合。
5 於碗中放入1的果肉部分以及水菜和2、3拌勻，最後拌入4，即可盛盤。

營養筆記

● **防止內臟老化**
利用南瓜囊裡的膳食纖維、水菜中可強化肝臟解毒功能並抑制癌症生成的硫配醣體，再加上橄欖油中可淨化小腸的葉綠素，把體內清理得乾乾淨淨！

南瓜

連皮吃的話，只要 100 公克就能攝取到一日所需的維生素 C ！

主菜　小菜　●抗老化

西班牙風味歐姆蛋

材料（2 人份）

（直徑 16 公分的平底鍋 1 鍋份）

南瓜⋯⋯⋯⋯⋯⋯⋯200 公克
洋蔥⋯⋯⋯⋯⋯⋯⋯⋯1/2 顆
橄欖油⋯⋯⋯⋯⋯⋯⋯4 大匙
雞蛋⋯⋯⋯⋯⋯⋯⋯⋯⋯3 顆
鹽⋯⋯⋯⋯⋯⋯⋯⋯1/2 小匙
鹽、胡椒⋯⋯⋯⋯⋯⋯⋯適量

做法

1 將南瓜切成厚度 5 ～ 6 公釐的薄片，再切成方便食用的大小，洋蔥切絲。
2 以平底鍋加熱橄欖油，放入 1，用小火煎炸。待南瓜變軟，即關火，將南瓜及洋蔥取出後，灑上鹽（適量）與胡椒。
3 將蛋敲入碗中打散，加鹽（1/2 小匙）與胡椒調味，再加進 2 取出的材料拌勻。
4 將 2 留在平底鍋的剩餘橄欖油加熱，倒入 3 後，蓋上鍋蓋以小火蒸煎 10 分鐘左右。待表面的蛋汁凝固，底面呈焦黃色，即翻面，然後再次蓋上鍋蓋蒸煎，直到兩面都呈現金黃色，便可關火盛盤。

營養筆記

●**維生素 A、C、E（王牌）**
雞蛋的維生素 A，以及南瓜的維生素 C，再加上南瓜、雞蛋和橄欖油的維生素 E，透過這三者的加乘作用發揮強大的抗氧化效果，簡直就是抗老化界的王牌料理！

突顯南瓜甜味的濃郁奶油燉菜。由於是日式風味，所以跟白飯也很搭！

南瓜

南瓜囊富含膳食纖維，有益於改善便秘，是具美容效果的優秀食材！

南瓜奶油燉菜

配菜
- 抗老化
- 預防骨質疏鬆症
- 消除便秘

材料（2 人份）

南瓜……………………200 公克
南瓜囊（切碎）………適量
洋蔥（切絲）………1/2 顆
鴻喜菇（剝成小朵）
……………………………50 公克
橄欖油…………………………適量
麵粉……………………………適量
牛奶…………………400 毫升
日式高湯粉…………1 大匙

做法

1 將南瓜切成薄片，再切成方便食用的大小後，兩面都裹上麵粉。
2 在鍋中倒入橄欖油，加進洋蔥以小火拌炒，炒出黏性且呈褐色時，再加進南瓜、南瓜囊、鴻喜菇拌炒。
3 待所有食材都均勻沾附上橄欖油後，便加入牛奶、日式高湯粉，然後蓋上鍋蓋以小火燉煮，直到南瓜變軟，即可盛盤。

營養筆記

● 讓腸道活力十足

南瓜囊與洋蔥的膳食纖維、鴻喜菇中可調節腸道環境的 β 葡聚醣，再加上牛奶中的乳糖，可發揮整腸效果，使腸胃清爽暢快！

帶皮專欄

雖然總是被丟棄…

就算有些部分不易食用，但正所謂良藥苦口！
除了皮以外，還有很多營養豐富的好東西。

南瓜的籽與囊

由於南瓜籽也很適合用來抑制膽固醇並提升肝功能，所以稍微拌炒一下再灑點鹽，就成了健康的下酒小菜！

南瓜囊所含的β胡蘿蔔素為果肉部分的約莫5倍，而β胡蘿蔔素具有很高的防癌效果。將南瓜囊切碎後拿來炒菜或放進湯裡、咖哩中一起煮，也可讓菜餚甜味倍增！

玉米的鬚

玉米鬚本身就是一種草藥（在日本也稱為「南蠻毛」），對於高血壓、膽結石、腎臟病、糖尿病、腎臟炎以及因懷孕引起的水腫等，都有很好的預防效果！

胡蘿蔔的葉子

胡蘿蔔葉所含的維生素C為根（莖）的5倍，鐵質為4倍，鈣質為3倍。此外還富含能有效預防眼部疾病的β胡蘿蔔素，因此最適合工作時常用電腦的人！不論是酥炸、水煮，還是做成碎末拌飯、涼拌沙拉、大火熱炒等，各種烹調方式都合適！

花椰菜的莖

莖是整顆花椰菜中最甜的部分，加熱後會變軟，怕口感硬的話去皮時可以多切掉一些。而且莖所含的維生素C與β胡蘿蔔素，遠比花苞部分還豐富很多呢！

苦瓜的籽與囊

在苦瓜中，籽與囊的維生素C含量是我們常吃的外皮部分的約莫3倍之多！因此，據說印度有某些地區的人是只吃苦瓜的囊及籽，不吃皮的。苦瓜囊與苦瓜籽不論是拿來炸成天婦羅還是與大蒜一起炒，都非常美味！

蓮藕自古以來也做為藥材備受重用，對婦女病的預防及改善效果很值得期待。

蓮藕

連皮吃，就能有效率地同時攝取消水腫的鉀、消除疲勞的維生素 B1、鎮定神經的鈣，以及改善便秘的膳食纖維！

湯品

- 消除便秘
- 預防（改善）水腫
- 美膚

蓮藕濃湯

材料（2 人份）

蓮藕……………………100 公克
蔬菜高湯…………400 毫升
鴻喜菇（剝成小朵）
……………………………50 公克
番茄（切成一口大小）
……………………………1/2 顆
嫩豆腐（切成 1.5 公分塊狀）……………100 公克
醬油…………………………2 大匙
酒……………………………2 小匙
砂糖……………………2/5 小匙
青蔥（切成蔥花）
…………………………2 ～ 3 根
橄欖油…………………………適量

做法

1. 用磨泥器將蓮藕連皮一起磨成泥。
2. 將蔬菜高湯與鴻喜菇一起放入鍋中，以中火加熱，煮滾後放入豆腐、番茄、醬油、酒、砂糖，適當調味。
3. 將 1 的蓮藕泥加進 2，充分攪拌，待蓮藕軟化，即離火，盛入容器，最後灑上青蔥。

營養筆記

● 解決肌膚問題

利用番茄與青蔥中維護皮膚健康的 β 胡蘿蔔素，還有蓮藕與番茄、青蔥中具美白效果的維生素 C，再加上番茄、橄欖油中可保護皮膚免於紫外線傷害的維生素 E，達成美膚必備的預防黑斑、皺紋及抗痘效果！

※ 關於蔬菜高湯的做法，請參考 P42

蓮藕的澱粉質含量很高，即使加熱也不易破壞可保護身體免於病毒侵害的維生素 C！且其維生素 C 含量還與檸檬不相上下！

蓮藕

蓮藕皮富含可抗氧化並抑制脂肪囤積的綠原酸！

蓮藕帕馬森起司燒

小菜

- 消除便秘
- 預防（改善）水腫
- 排毒

材料（2 人份）

蓮藕……………………60 公克
起司粉（帕馬森起司）……………………………適量
蘘荷（即日本的「茗荷」）……………………………1 個
蘿蔔嬰（蘿蔔苗）…………………………30 公克
鹽、胡椒、橄欖油….適量

做法

1 用切片器將帶皮的蓮藕切成薄片。
2 將 1 的兩面都灑上起司粉。
3 將 2 並排放入平底鍋，以小火煎烤。煎出焦黃色澤即可翻面，直到煎至兩面金黃為止。
4 將蘘荷切成細絲後，與蘿蔔嬰、鹽、胡椒、橄欖油拌在一塊兒，適當調味。
5 將 3 盛盤，並以 4 裝飾。

營養筆記

● 告別水腫

蓮藕、蘘荷、蘿蔔嬰所含的鉀具有利尿效果，可將累積在體內的多餘水分徹底排出！

馬鈴薯的維生素含量與橘子相當，但被澱粉包裹住，所以加熱也不易遭破壞，可有效攝取！

馬鈴薯

小菜

抗老化

連皮吃可防止活性氧造成的危害！
還能大量攝取綠原酸，預防與癌症有關的細胞突變！

義式香煎馬鈴薯片

材料（2 人份）

馬鈴薯……………………1 顆（約 180 公克）
莫札瑞拉起司（切成 1 公分塊狀）…………1/2 個（50 公克）
番茄（切成 1 公分塊狀）….1/2 顆（約 70 公克）
橄欖油………………2 大匙
鯷魚………………………1 片
鹽、胡椒…………………適量
羅勒（九層塔）……..適量

做法

1 將馬鈴薯切成 4 等份片狀，並排於耐熱容器中，覆上保鮮膜，放入微波爐以 500 瓦加熱 4 分鐘。
2 把莫札瑞拉起司與番茄拌在一起，並加入鹽和胡椒調味。
3 將橄欖油和鯷魚放入平底鍋，開火加熱，待鯷魚化掉後，放入 1 的馬鈴薯，以偏弱的中火煎至表面焦黃。煎出金黃色澤後翻面，放上 2。
4 蓋上鍋蓋蒸煎一下，待莫札瑞拉起司融化，即可關火盛盤，最後以羅勒裝飾。

營養筆記

老化，停止！
利用番茄中具抗氧化作用的茄紅素、β 胡蘿蔔素，以及馬鈴薯與番茄中的維生素 C，還有莫札瑞拉起司中可保持肌膚年輕的維生素 A，再搭配番茄和橄欖油中有助於血液循環的維生素 E，便能保護細胞免於活性氧的侵害！

馬鈴薯

連皮吃，就能大量攝取可維持皮膚及黏膜健康的核黃素、維生素 B6 及葉酸！

德式奶油培根馬鈴薯

小菜

- 消除疲勞
- 抗老化

材料（2 人份）

馬鈴薯……1 顆（約 130 公克）
洋蔥（切絲）……1/4 顆
培根（切成小條）……20 公克（1 片）
A
- 雞蛋……1 顆
- 起司粉……10 公克
- 粗粒黑胡椒……適量

橄欖油……適量
鹽、胡椒……適量
切碎的巴西里（洋香菜）……適量
粗粒黑胡椒……適量

做法

1 將馬鈴薯切成一口大小（約 12 等份），並排於耐熱容器中，覆上保鮮膜，放進微波爐以 500 瓦加熱 3 分鐘左右，使之變軟。
2 將 A 放入碗中，以打蛋器充分攪打均勻。
3 將橄欖油倒入平底鍋，放進洋蔥、培根，以中火炒至軟化。變軟後，再加進 1 拌炒，待食材呈現金黃色澤時，加入鹽與胡椒調味。
4 將 3 倒入 2 中，略為攪拌，再倒回平底鍋，用小火一邊加熱一邊拌勻。
5 盛盤後，灑上切碎的巴西里與黑胡椒。

營養筆記

增加體力

培根中有助於能量代謝的維生素 B1，加上洋蔥中可促進維生素 B1 吸收的大蒜素，這樣的組合能於身體疲勞時給予營養補給，同時有效提升糖份代謝！

將富含維生素的**地瓜**與含有維生素D、K的橄欖油組合在一起，便能攝取到幾乎所有的維生素！

主菜
- 美膚
- 消除便秘
- 抗老化

地瓜

在芋薯類的蔬菜中，地瓜是骨骼與牙齒之構成要素－鈣質含量最多的一個，尤其外皮中的含量更是格外豐富！

燒肉醬煮雞翅地瓜

材料（2人份）

雞翅膀……………………4支
地瓜（切成滾刀塊）
……1/2條（100公克）
蒟蒻（切成一口大小）
……1/2片（125公克）
日式燒肉醬…………2大匙
鹽、胡椒…………………適量
橄欖油……………………適量
水…………………200毫升
味噌………………10公克
青蔥（切成蔥花）…適量

做法

1 於雞翅的兩面均勻灑上鹽與胡椒。
2 將橄欖油倒入平底鍋，待油熱後放進雞翅，以中火煎至兩面焦黃。接著放入水與燒肉醬，蓋上鍋蓋以偏弱的中火燉煮10分鐘左右，期間須不時加以攪拌。
3 繼續將地瓜、蒟蒻、味噌加進2，使味噌充分溶解後，蓋上鍋蓋以偏弱的中火再燉煮10分鐘左右，期間同樣須不時加以攪拌。最後盛盤，並灑上蔥花。

營養筆記

● 肌膚的救星

利用雞翅中可防止皮膚老化的膠原蛋白、地瓜中具美膚效果的維生素C，再加上蒟蒻中含有可使皮膚水潤有光澤的神經醯胺，來提高膠原蛋白的吸收率，肌膚很可能會變得柔嫩又Q彈喔！

地瓜的澱粉含量高，故即使經過加熱烹調，其中的維生素 C 也不易被破壞。

地瓜

地瓜皮富含具美膚效果的維生素 C，而且據說含量是蘋果的 10 倍呢！

配菜　小菜

●消除便秘
●預防（改善）水腫
●抗老化

鮮奶油拌炒地瓜雞胗

材料（2 人份）

地瓜（切成一口大小）……180 公克
雞胗……4 個（約 150 公克）
小黃瓜（切滾刀塊）……1/2 根
酒……50 毫升
蜂蜜……1/2 小匙
鹽……1/2 小匙
鮮奶油……50 毫升
橄欖油……1 大匙

做法

1 將地瓜放入耐熱容器中，覆上保鮮膜，放入微波爐以 500 瓦加熱 4 分鐘左右。
2 將雞胗切成方便食用的片狀。
3 將橄欖油倒入平底鍋，加進 1、2 和小黃瓜，以中火拌炒。待雞胗熟透，就加進酒拌勻，直到酒精成份蒸發。
4 待酒精都蒸發掉後，加入蜂蜜、鹽調味，再倒入鮮奶油拌勻，以增加濃稠感，最後關火盛盤。

營養筆記

● 改善腸道環境

透過地瓜中可促進消化的紫茉莉苷，以及地瓜和小黃瓜中具整腸作用的膳食纖維，發揮雙重效果，創造健康腸道！

與其他芋薯類蔬菜相比，芋頭的熱量較低，所以更健康！

※ 但其黏液會造成喉嚨的負擔，因此喉嚨不適者須節制食用。

芋頭

芋頭皮與肉之間的黏液來源－半乳聚醣能降低血糖值以及血液中的膽固醇，可有效預防因不良生活習慣而產生的疾病！

小菜

● 消除便秘
● 消除疲勞

芋頭白酒蒸蛤蜊

材料（2 人份）

小芋頭……3 顆（約 100 公克）
蛤蜊……200 公克
鴻喜菇（剝成小朵）……50 公克
番茄（切成 1 公分塊狀）……1/2 顆
蒜頭（切片）……1 瓣
魚露……1/2 小匙
白酒……50 毫升
橄欖油……2 大匙、適量
切碎的巴西里（洋香菜）……適量

做法

1. 將蛤蜊浸泡於 3% 的鹽水中 1 ～ 2 小時，使之吐沙，然後換水 2 ～ 3 次，充分洗淨。
2. 芋頭以鬃刷之類的工具徹底刷洗後，切成 1.5 公分的塊狀。
3. 將橄欖油（2 大匙）倒入平底鍋，放進芋頭以中火拌炒。待芋頭呈現焦黃色澤且變軟，便加進魚露拌勻。
4. 將 1 加入至 3，再放入鴻喜菇、蒜頭、白酒，蓋上鍋蓋加熱，直到蛤蜊都打開為止（約 7 分鐘左右）。
5. 待蛤蜊都打開後，即關火，加入番茄拌勻，最後灑上橄欖油（適量）以及巴西里，即可盛盤。

營養筆記

● **恢復活力**

利用蛤蜊中具儲備能量、降血壓、增進肝功能效果的肝醣與牛磺酸，以及番茄中能促進乳酸代謝的檸檬酸，再加上芋頭中可舒緩腸胃不適的黏液素，有效提升免疫力！

若因處理山藥而造成手部發癢，
可將檸檬汁或醋水塗在發癢處！
編註：或是在處理之前先戴上手套
※ 有腎臟疾病的人須避免食用富含鉀的山藥，以免造成腎臟負擔！

山藥

山藥皮具有可改善腸道環境的膳食纖維，而其苦澀味中含有可預防癌症的營養素，所以最好連皮吃！

主菜 配菜

消除疲勞
排毒
促進血液循環

麻婆山藥

材料（2 人份）

山藥……200 公克
豬絞肉……100 公克
蒜頭（切末）……1 瓣
薑（切末）……10 公克
青蔥（切末）……1/2 根
麻油……2 大匙
雞高湯……150 毫升
A
- 豆瓣醬……1/4 小匙
- 番茄醬……2 小匙
- 醬油……1 大匙
- 甜麵醬……1 大匙
- 砂糖……1/2 小匙

太白粉水
太白粉、水……各 2 小匙
花椒（依個人喜好）

做法

1 山藥以鬃刷之類的工具徹底刷洗後，切成 1.5 公分的塊狀。
2 將麻油倒入平底鍋，加進 1 以中火拌炒。炒至各面焦黃，取出備用。
3 將蒜頭、薑和蔥放入 2 的平底鍋，以小火炒香。接著轉中火，加進豬絞肉拌炒。待絞肉熟透，加入 A 炒勻。
4 將 2 取出備用的山藥加入至 3，把整體全部炒勻後，倒入雞高湯，以小火煮至山藥軟化。最後以太白粉水勾芡，即可盛盤。食用時可依個人喜好灑點花椒。

營養筆記

● **身體暖呼呼**
利用青蔥中可促進血液循環的大蒜素與阿交烯、生薑中的薑油酮，以及大蒜中的增精素來暖化身體，改善手腳冰冷！

毛豆經過加熱，便會因酵素作用而製造出原本沒有的「麥芽糖」，有助於消除便秘！

毛豆

毛豆富含有助於預防骨質疏鬆症及更年期障礙的異黃酮，以及可抗氧化、強化肝功能、降血脂、抑制肥胖的皂素！

小菜

● 預防骨質疏鬆症
● 抗老化

毛豆白玉丸子

材料（2 人份）

含豆莢的冷凍毛豆（取出豆子，去掉豆莢的硬絲與薄膜）…約 100 公克

A
- 糯米粉……………30 公克
- 嫩豆腐 ·35 ～ 40 公克
- 鹽………………一小撮

B
- 罐頭番茄……100 公克
- 砂糖……………1 小匙
- 昆布茶 ··1 又 1/2 小匙
- 豆瓣醬……………少許（掏耳棒一勺的份量）

橄欖油……………………適量
鹽、肉桂粉……………適量

做法

1 將 A 放入碗中充份搓揉，直到硬度近似耳垂為止（硬度可利用豆腐量的多寡來做調整）。接著加入毛豆的豆子部分，充分混合，然後分成 6 等份，並揉成球形。
2 將 1 放入沸騰的水中煮滾，待丸子浮起，繼續煮 1 ～ 2 分鐘再撈起，接著泡入冷水。從冷水中撈出後，徹底瀝乾水分。
3 在平底鍋中倒入稍微多一點的橄欖油，放入豆莢，以中火煎炸，待豆莢變酥脆，即撈出，灑上肉桂粉與鹽並拌勻。
4 另外再用一平底鍋，放入 B，一邊將番茄搗碎一邊以小火加熱拌勻。接著加入 2，讓丸子充分沾附醬汁，即可關火。
5 將 4 盛盤後，放上 3。

營養筆記

● **守護骨骼健康**

利用毛豆與豆腐中有助於預防骨質疏鬆症的異黃酮、可鞏固牙齒及骨頭的鈣質，再加上橄欖油中可促進鈣質吸收的維生素 D 與 K，製造出健康強壯的骨骼！

口感酥脆，美味擋不住！從今以後再也捨不得丟掉豆莢囉！

毛豆

毛豆豆莢含有豐富的 β 胡蘿蔔素，可防止老化並維護皮膚、頭髮及指甲的健康！

小菜

●抗老化

毛豆脆片

材料（2 人份）

毛豆的豆莢……………適量

A
- 咖哩粉 ………1/2 小匙
- 鹽 ………………1/2 小匙
- 麵粉 ………………2 大匙

B
- 肉桂粉 ………1/2 小匙
- 鹽 ………………1/2 小匙
- 麵粉 ………………2 大匙

炸油…………………………適量

做法

1 去掉豆莢的硬絲與透明的薄膜。
2 準備兩個食物保鮮袋，將 A 與 B 分別放入，分別充分混合後，將 1 分成兩份分別放入兩個袋中，使豆莢充分沾附粉料。
3 將炸油加熱至 180 度，分別放入 2 的兩份豆莢酥炸，最後起鍋盛盤。

營養筆記

● 補充女性荷爾蒙

毛豆的 β 胡蘿蔔素與咖哩粉的薑黃素都具有抗氧化作用，能有效對付更年期障礙，再加上毛豆中有可延緩老化速度的異黃酮與皂素，藉此從體內著手，調整女性荷爾蒙！

牛蒡

牛蒡皮富含鮮味成份－穀胺酸，所以最好連皮一起煮！

茄汁牛蒡四季豆

配菜

- 抑制血糖上升
- 消除便秘
- 預防（改善）水腫

材料（2人份）

牛蒡（斜切）…………1根
四季豆（水煮）100公克
熱狗（斜切）…………4根
罐頭番茄…………200公克
橄欖油……………………適量
砂糖……………………1小匙
醬油………2小匙、1小匙
鹽…………………………1小撮
水………………………50毫升
切碎的巴西里（洋香菜）
……………………………適量

做法

1 將橄欖油倒入平底鍋，放進牛蒡以小火拌炒8～10分鐘，直到牛蒡變軟，然後加入砂糖、醬油（2小匙）充分拌勻。
2 用叉子將罐頭番茄中的番茄壓碎後，倒入1內拌勻。繼續再加進水、四季豆、熱狗，以小火燉煮。
3 待熱狗熟透，以醬油（1小匙）和鹽調味後，即可盛盤，最後灑上切碎的巴西里做裝飾。

營養筆記

● 鉀的雙重效果

牛蒡、四季豆、番茄中有可輔助體內廢物排泄的鉀，不僅可改善水腫，同時還具有降血壓的功效！

在所有蔬菜中，牛蒡的膳食纖維含量可謂遙遙領先！

牛蒡

牛蒡皮富含能分解膽固醇的皂素與多酚，可有效預防高血壓！

沙拉

- 消除便秘
- 抑制血糖上升

牛蒡脆片沙拉

（搭配優格沙拉醬）

材料（2 人份）

牛蒡（以削鉛筆般的方式削成細絲狀）…………1 根

橄欖油……………………適量

A
- 優格……………2 大匙
- 鹽麴……………1 大匙
- 柚子胡椒……1/5 小匙

水菜（切成 5 公分長）…………………………1 把

做法

1. 於平底鍋中倒入稍多的橄欖油，加熱後放入牛蒡絲煎炸至焦脆。
2. 將 A 充分攪拌均勻。
3. 在碗中放入 1、2 和水菜，充分混合後，盛盤上桌。

營養筆記

● 調節血糖值

牛蒡含有可抑制血糖上升、降低膽固醇的水溶性膳食纖維－菊苣纖維，以及可排出有害物質並抑制血糖上升的非水溶性膳食纖維－木質素，因此在預防動脈硬化與糖尿病方面，效果十分值得期待！

帶皮專欄

活用外皮來烹煮萬用蔬菜高湯

蔬菜高湯？

這裡所謂的蔬菜高湯，就是以蔬菜的蒂頭、外皮、種子等部分慢慢熬煮成的蔬菜湯，是能夠提升抗氧化力與免疫力，而且美膚效果超群的魔法之湯。

活用法

很簡單！

只要在烹調時以蔬菜高湯取代水即可！

- 咖哩
- 燉菜
- 湯品
- 火鍋……等等

靈活運用，輕鬆百搭！

材料

胡蘿蔔的皮…………1 根份
胡蘿蔔的蒂頭……3 根份
白蘿蔔的皮…………1 根份
白蘿蔔的蒂頭……1 根份
芹菜的葉子…………1 根份
洋蔥的皮……………1 顆份
青蔥的頂端綠色部分
……………………1 根份
番茄的蒂頭…………2 顆份
水……………………2 公升
酒……………………2 小匙

任何剩下的蔬菜外皮、葉子、蒂頭等，都可使用！

做法

1 將所有材料放入鍋中，蓋上鍋蓋，以偏弱的中火熬煮 1 小時左右。
2 以鋪有廚房紙巾的濾網過濾 1。

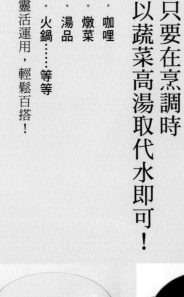

帶皮專欄

簡單自製風味油！

活用法

使用方式和一般的橄欖油一樣！

- 加鹽後用來沾法國麵包或淋在豆腐上
- 滴幾滴在醬油裡，和生魚片也很對味
- 加點鹹味和酸味，就成了沙拉醬……等等

除了香菇、檸檬外，也可試著用你喜歡的蔬菜外皮來製作專屬於你的風味油。

香菇油

材料

橄欖油……………………100 毫升
香菇的梗………………………1 根

做法

將橄欖油與稍微曬乾的香菇梗一起放入瓶中浸泡 2 ～ 3 天。

檸檬油

材料

橄欖油……………………100 毫升
檸檬皮……………………2 ～ 3 片

做法

將橄欖油與稍微曬乾的檸檬皮一起放入瓶中浸泡 2 ～ 3 天。

〈乾燥時間〉以日曬方式乾燥，夏天約需半天，冬天約一天。
〈保存方法〉為了避免高溫、濕氣以及空氣接觸，需置於瓶中並放在陰涼處保存。
〈食用期限〉2 ～ 3 週內都還很美味。

帶皮專欄

就算是硬皮也要做成脆片，好好享受帶勁兒的口感！

西瓜脆片

材料

西瓜皮⋯⋯⋯適量 炸油⋯能覆蓋果皮的量
麵粉⋯⋯⋯⋯適量 鹽、花椒⋯⋯⋯⋯ 適量

做法

1 將西瓜的皮切成方便食用的大小，然後以廚房紙巾吸除水氣。
2 將 1 裹上麵粉。
3 把油加熱至 170 度，放入 2 炸至焦黃。
4 起鍋後灑上鹽與花椒調味。

哈密瓜脆片

材料

哈密瓜皮⋯⋯⋯適量 炸油⋯能覆蓋果皮的量
麵粉⋯⋯⋯⋯⋯適量 鹽、胡椒⋯⋯⋯⋯ 適量

做法

1 將哈密瓜的皮切成方便食用的大小，然後以廚房紙巾吸除水氣。
2 將 1 裹上麵粉。
3 把油加熱至 170 度，放入 2 炸至焦黃。
4 起鍋後灑上鹽與胡椒調味。

南瓜脆片

材料

南瓜皮⋯⋯⋯適量 炸油⋯能覆蓋果皮的量
麵粉⋯⋯⋯⋯適量 鹽、肉桂粉⋯⋯⋯ 適量

做法

1 將南瓜的皮切成方便食用的大小，然後以廚房紙巾吸除水氣。
2 將 1 裹上麵粉。
3 把油加熱至 170 度，放入 2 炸至焦黃。
4 起鍋後灑上鹽與肉桂粉調味。

地瓜脆片

材料

地瓜皮⋯⋯⋯適量 炸油⋯能覆蓋果皮的量
麵粉⋯⋯⋯⋯適量 鹽⋯⋯⋯⋯⋯⋯⋯適量

做法

1 將地瓜的皮切成方便食用的大小，然後以廚房紙巾吸除水氣。
2 將 1 裹上麵粉。
3 把油加熱至 170 度，放入 2 炸至焦黃。
4 起鍋後灑鹽調味。

利用曬乾的外皮製作營養豐富的茶飲！

做法

1 將外皮平鋪在竹製曬籃或大淺盤中，日曬至乾燥為止。
2 將曬乾的 1 放入鍋中，加入可讓皮充分浸泡在水中的水量，持續以小火加熱，保持不沸騰的狀態，熬煮 20 ～ 30 分鐘，直到水染上顏色為止。

※ 加入紅茶或蜂蜜等會更好喝！
※ 原狀、切碎、粉末狀的橘子皮，會分別呈現出 3 種不同的味道！

橘子皮茶

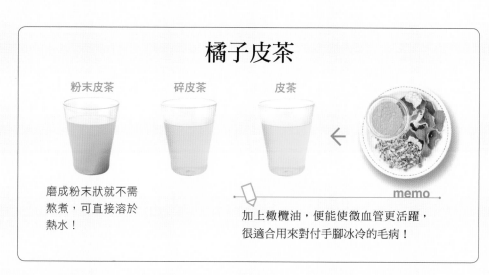

粉末皮茶　碎皮茶　皮茶

磨成粉末狀就不需熬煮，可直接溶於熱水！

memo
加上橄欖油，便能使微血管更活躍，很適合用來對付手腳冰冷的毛病！

洋蔥皮茶

memo
利用槲皮素來防止膽固醇附著於血管壁，讓血液清爽不黏稠！
※ 洋蔥皮不需曬乾。

玉米鬚茶

memo
富含可將多餘水分、鹽分排出體外的鉀，故能預防水腫！

牛蒡皮茶

memo
含有可抑制血糖突增之水溶性膳食纖維，有利於預防高血壓及糖尿病！

chapter 2

水果也要帶皮吃!!

繼蔬菜之後，常被丟棄的水果果皮，
其實也含有豐富的營養素與美味成分！
果皮為了保護自己的果實，避免其氧化，
多半都具有抗氧化的功用。
例如蘋果皮所含的多酚，
還有檸檬皮所含的維生素C，
都屬於有抗氧化能力的營養素，可防止人體氧化！

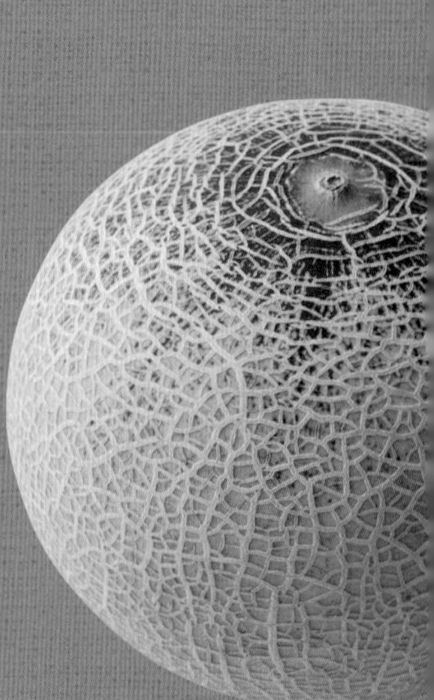

生薑的點綴突顯了**蘋果**與**番茄**的甜，是一道屬於成熟大人的甜點！

蘋果

蘋果皮所含的非水溶性膳食纖維能夠吸收脂肪、毒素及腸內壞菌，然後將之排出體外！

甜點
- 消除疲勞
- 抗老化

蘋果與番茄之糖拌薑汁肉桂

材料（2 人份）

蘋果……………………1/2 顆
番茄……………………… 1 顆
薑泥…1 小匙（約 5 公克）
肉桂粉……………2/5 小匙
砂糖…………………… 2 大匙
橄欖油……………… 2 小匙
薄荷葉……………………適量

做法

1 蘋果去核不削皮，切成方便食用的大小。番茄也切成方便食用的大小。
2 將 1 放入碗中，再加進薑泥、肉桂粉、砂糖、橄欖油，充分拌勻後盛盤，最後以薄荷葉裝飾。

營養筆記

對抗活性氧
具有強力抗氧化效果的多酚類－「槲皮素」並不存在於蘋果的果肉中，而是果皮裡，而強力的抗氧化作用能夠有效防止衰老！

蘋果酪梨炒泡菜

焦糖蘋果佐香煎豬肉片

蘋果

連皮吃，便能有效攝取可降低膽固醇及血糖值的果膠！

蘋果酪梨炒泡菜

小菜

消除疲勞
消除便秘
抗老化

材料（2 人份）

蘋果……1/4 顆
香菇……2 朵
生鮮魷魚……1/2 杯
酪梨……1/2 顆
韓式泡菜……50 公克
日式生醃魷魚……25 公克
蔥白……5 公分
麻油……適量

做法

1 生鮮魷魚去內臟後，把腳部切成方便食用的大小，身體則切成圓圈狀。蘋果去核後，切成方便食用的大小，並將香菇切片。將蔥白的外層切成細絲，內部切碎。
2 把麻油倒入平底鍋，放進日式生醃魷魚與切碎的蔥白，以中火拌炒至軟化。
3 接著加入蘋果、酪梨、香菇、生鮮魷魚拌炒，待魷魚熟透，再加進韓式泡菜，炒勻即可盛盤，最後用蔥絲裝飾。

營養筆記

疲勞不累積
利用蘋果中可分解疲勞的物質－乳酸的檸檬酸與蘋果酸，以及魷魚中可增進肝臟運作的牛磺酸、酪梨中的穀胱甘肽、魷魚中的甜菜鹼等，來為身體解毒，創造不易累積廢物的體質！

蘋果

蘋果皮含有可提升免疫力的表兒茶素、可改善過敏問題的原矢車菊素，以及可改善高血壓與視力的花青素，堪稱多酚的三重奏！

焦糖蘋果佐香煎豬肉片

主菜

消除疲勞
抗老化

材料（2 人分）

蘋果……1 顆
豬里肌肉片（斷筋處理）……4 片
麵粉……適量
橄欖油……2 大匙
砂糖……3 大匙
A 醬油……1 又 1/2 大匙
A 紅酒……50 毫升
A 太白粉……1/4 小匙
玉米（烤）……適量
秋葵（水煮）……適量
小番茄……適量

做法

1 蘋果橫切成四等份圓片狀，去核後，將兩面裹上麵粉。
2 橄欖油倒入平底鍋，放入 1 以中火將兩面煎至焦黃且稍微軟化。接著灑上砂糖，待蘋果片呈現焦糖色澤，即取出盛盤。
3 繼續將豬肉放入 2 的平底鍋，以中火油煎兩面。將 A 充分混合後加入鍋中，使之充分沾附於豬肉表面。將煎好的豬肉放到 2 的盤中，最後加上玉米、秋葵和小番茄做裝飾。

營養筆記

防止體內氧化
藉由蘋果中具強力抗氧化效果的兒茶素、花青素、槲皮素，以及紅酒中的多酚，來抑制活性氧，停止老化！

※ 蘋果皮所含的多酚是果肉的4倍。

哈密瓜含有GABA（γ-氨基丁酸），可抑制血壓上升，並活化能促進腦內血液流通的神經傳導物質！

滑嫩嫩哈密瓜布丁

西瓜水泡菜

哈密瓜

哈密瓜的籽本身就是一種中藥材，可通便，具說有改善便秘的效果呢！

甜點

● 預防水腫

滑嫩嫩哈密瓜布丁

材料（2 人份）

（直徑 8 ～ 9 公分的玻璃杯 2 個的份量）

哈密瓜的果肉（切成方便食用的大小）……1/4 顆份

哈密瓜的囊、皮的白色部分（剁碎）…………1/4 顆份（約 60 公克）

哈密瓜的籽…………1/4 顆份

蛋黃……………………………2 個

蜂蜜……………1 又 1/2 大匙

麵粉……………………1/2 大匙

牛奶……………………250 毫升

A
- 明膠粉（吉利丁粉）……………………1 小匙
- 水……………………2 小匙

砂糖……………………………6 大匙

水……………3 大匙、3 大匙

肉桂粉………………………少許

橄欖油………………………適量

鹽……………………………適量

做法

1 將哈密瓜籽洗淨，擦乾。另外把 A 充分攪拌後，靜置備用。

2 將蛋黃、蜂蜜放入鍋內，以打蛋器攪打至顏色變白，再加進麵粉，攪打至完全無結塊的程度後，倒入牛奶。接著一邊用打蛋器攪拌一邊以小火加熱，待其逐漸變濃稠，再加進 1 的 A 充分攪拌直至完全溶解。

3 離火，加進剁碎的囊與皮混合，然後倒入容器，再放進冰箱冷藏使之凝固。

4 取較小的平底鍋，放入砂糖、水、肉桂粉，以小火加熱，待液體呈現焦褐色即關火，接著再加入水充分混合，做成焦糖醬。

5 將橄欖油倒入平底鍋，放入哈密瓜籽，以小火拌炒，待哈密瓜籽呈現棕褐色且變得焦脆後，起鍋關火，灑鹽調味。

6 將哈密瓜的果肉放在 3 上，再灑上 5 做裝飾，最後淋上 4。

營養筆記

● **預防由不良生活習慣所引起的疾病**

哈密瓜含有可促進脂肪代謝、肝功能強化效果十分值得期待的肌醇，建議偏好油膩飲食及愛喝酒的人多加食用！

西瓜

西瓜皮含有一種叫瓜氨酸的超級氨基酸，可使血管回春、促進血液循環，有助於改善手腳冰冷及水腫問題！

小菜

● 抗老化

● 預防（改善）水腫

西瓜水泡菜

材料（2 人份）

西瓜……………………180 公克（瓜皮的白色部分 90 公克 + 瓜肉 90 公克）

辣椒（去籽切成圈狀）1 根

蒜頭（切片）……………1 瓣

薑（切細絲）……4 ～ 6 片（10 公克）

青蔥（切細絲）
- ………………蔥白 5 公分
- ………………蔥綠 5 公分

鹽…………………………1 小匙

A
- 水…………………600 毫升
- 昆布高湯粉 ……2 小匙
- 砂糖 …………………2 小匙

做法

1 將西瓜皮的白色部分與瓜肉切成方便食用的大小，放入碗中，灑鹽拌勻後，靜置 10 ～ 15 分鐘。

2 將 A 放入鍋中，以中火加熱，沸騰後關火，再丟進辣椒、蒜頭、薑與蔥，放涼。

3 待 2 變涼，加入 1，醃漬 1 ～ 2 小時左右使之入味後，即可盛盤。

營養筆記

● **為皮膚帶來水潤光澤**

西瓜皮的白色部分富含水份，具有消除夏日口乾及預防皮膚乾燥的效果，另外亦具有鎮靜散熱的作用，可有效對付夏季的疲勞感！

柑橘生拌甜蝦

蜂蜜檸檬燻鮭魚沙拉

橘子

橘子的白色纖維狀薄皮（橘絡）所含的橙皮苷比果肉更多，而橙皮苷具有強化血管的作用，還能預防動脈硬化及心血管疾病！

小菜

消除便秘

柑橘生拌甜蝦

材料（2 人份）

橘子……2 顆
甜蝦……12 隻
A
- 洋蔥末……1/8 顆份
- 醋……1 又 1/2 大匙
- 粗粒黃芥末……1 小匙
- 橄欖油……3 大匙
- 鹽……1/4 小匙

帕馬森起司……適量
巴西里（洋香菜）……適量

做法

1 將橘子橫切成圓薄片。甜蝦則以上下兩層保鮮膜夾起，用肉槌之類的工具捶打。
2 將橘子片、甜蝦排在盤中，淋上拌勻的 A，再灑上磨碎的帕馬森起司，最後以巴西里裝飾。

營養筆記

橘絡的威力

橘子的白色纖維狀薄皮部分，稱為橘絡，含有可清除血管中膽固醇的松烯油。此外，橘絡中具整腸作用的膳食纖維含量為果肉的 4 倍，可強化血管的橙皮苷含量更是果肉的約莫 10 倍！

檸檬

檸檬皮所含的聖草次苷是果肉的 20 倍，而聖草次苷是一種多酚，可維持血管功能正常並抑制動脈硬化及膽固醇！

沙拉

抗老化
消除疲勞

蜂蜜檸檬燻鮭魚沙拉

材料（2 人份）

檸檬……1/2 顆
蜂蜜……1 又 1/2 大匙
煙燻鮭魚……40 公克
紅葉萵苣……50 公克
胡蘿蔔……20 公克
橄欖油……2 大匙
鹽……1 小撮

做法

1 檸檬以額外的鹽搓洗，切成半月形薄片，然後平鋪在淺盤中，倒入蜂蜜靜置 30 分鐘左右。
2 將胡蘿蔔切成細絲，煙燻鮭魚切成方便食用的大小，紅葉萵苣亦撕成方便食用的大小。
3 把 2 放入大碗中，再把 1 連同汁液一起倒入，最後淋上橄欖油並灑鹽拌勻，即可盛盤。

營養筆記

維生素 C 的力量

檸檬富含的維生素 C 能夠支持肝臟功能，解毒效果也十分優秀。而其維生素 C 含量為柑橘類之最，宿醉的早晨就用檸檬來振奮精神吧！

帶皮專欄

連皮吃，輕鬆活化酵素！

怎樣才能夠有效率地攝取酵素

從食物的消化開始，到皮膚的新陳代謝、血液循環等，酵素與人體的各種運作息息相關。酵素不足的話，代謝與免疫力就會低下，整個人倦怠無力，消化不良，肌膚暗沉等，各種不適症狀逐漸浮現。為了使生活健康有活力，每天攝取酵素是很重要的。

而要能夠有效率、不浪費地攝取酵素，最好的辦法就是連皮吃。

連皮吃不僅有利於消化吸收，更能徹底攝取所有酵素。例如可以將蔬菜水果磨成泥食用，由於磨泥會讓酵素跑到細胞外部，所以酵素會更活躍。

說到將蔬菜磨成泥，最具代表性的就是白蘿蔔泥了。以分解澱粉、脂肪或蛋白質等的酵素來說，白蘿蔔中所含的澱粉酶在末端與皮附近最多。因此，白蘿蔔除了在味道上和魚類、肉類很搭外，由於可促進消化，故在營養層面上也是很相配的！

水果果皮也含有豐富的酵素

其他如水果的部分，大受歡迎的酵素果汁也不是只使用果肉，而是連皮一起，藉由多酚的效果來提升免疫力。果糖及檸檬酸可消除疲勞，膳食纖維可消除便秘等，好處多多。

由於平常多半被丟棄的外皮等部分，正是酵素及其他營養成份含量最豐富的部分，所以我們要積極地連皮帶肉一起吃才好！

● 體內酵素會隨著年齡增加而減少

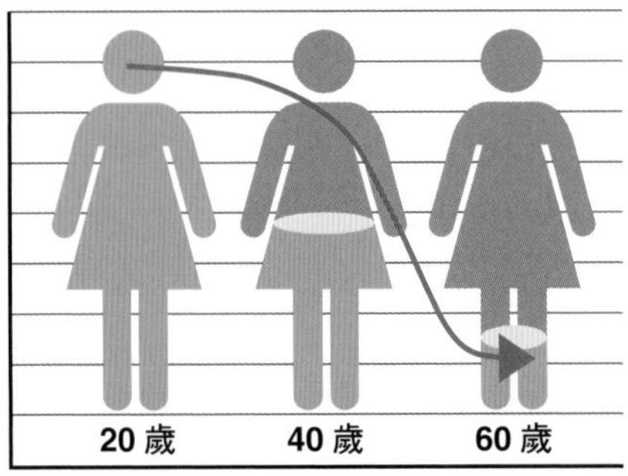

chapter 3

葉片及葉柄、莖、籽、囊 全都煮進去!!

丟掉可惜的不只有皮而已！
蔬菜的葉片及葉柄、莖、籽、囊等，
全都營養豐富又美味。
例如花椰菜莖部所含的維生素C及胡蘿蔔素就比花苞部分更多，
具抗氧化的效果，以水煮方式食用的話，甜味會倍增。
另外苦瓜囊所含的一種叫共軛亞油酸的成份，
據說有降低體脂肪的效果。
在第3章中要為各位介紹的，
就是運用了這些優秀食材「葉片、葉柄、莖、籽、囊」
的各式料理！

甜椒

甜椒囊所含的吡嗪比椒身更豐富，而吡嗪可使血液順暢流通，有助於預防由不良生活習慣所造成的疾病！

主菜

- 美膚
- 抗老化
- 強化微血管

茄汁燉煮甜椒鑲白肉魚

材料（2人份）

甜椒（綠、紅）（對半切開）……各1個
蝦仁……40公克
白肉魚（生鮮鱈魚）1片
洋蔥（切碎）……1/4顆
麵包粉……5公克
牛奶……1大匙
鹽麴……2小匙
罐頭番茄……150毫升
A［鹽麴……2小匙
　 砂糖……1/4小匙
橄欖油……適量
切碎的巴西里（洋香菜）、起司粉、巴西里葉 適量

做法

1. 用食物處理機將蝦仁和白肉魚打成泥（或是用菜刀剁成泥）。
2. 用果汁機將罐頭番茄打成果汁狀，然後以濾網過濾。另外將麵包粉泡入牛奶中。
3. 將1、2的麵包粉與牛奶、洋蔥、鹽麴放入碗裡拌勻後，分成4等份。
4. 甜椒保留籽與囊，直接塞入3的填料，總共製作4份。
5. 橄欖油倒入平底鍋，將甜椒有填料的那一面朝下放入鍋中，以中火煎出焦黃色澤，再加入A與2的番茄汁，然後蓋上鍋蓋用小火燉煮10分鐘左右。
6. 最後盛盤，灑上起司粉和切碎的巴西里，再用巴西里葉做裝飾。

營養筆記

甜椒的加乘作用

甜椒中具有強化微血管作用的維生素P，可防止同樣含於甜椒中之維生素C因加熱及氧化而流失！

甜椒

甜椒籽富含能排除體內多餘鹽分的鉀，故連籽一起吃可防止血壓上升！

小菜

抗老化
強化微血管

西班牙風味香蒜甜椒

材料（2 人份）

紅甜椒……………………2 個
綠甜椒（青椒）………2 個
橘甜椒……………………2 個
香菇………………………3 朵
綜合海鮮（在此用的是蝦子、魷魚和扇貝）
……………………150 公克
蒜頭………………………2 瓣
橄欖油……………………適量
鹽、胡椒…………………適量
日式七味粉………………適量

做法

1 用牙籤之類的工具在甜椒上戳幾個洞。
2 香菇切成 4 等份，梗的部分則對半切開。將綜合海鮮中的蝦子去腸泥，另外將蒜頭切薄片。
3 將 1、2 都放入平底鍋，灑上鹽與胡椒，充分混合。倒入橄欖油，直到淹過蝦仁的高度，然後以小火燉煮。
4 不時將甜椒翻面，待甜椒軟化，即關火盛盤，最後灑上鹽、胡椒、七味粉。

營養筆記

促進皮膚的代謝

利用甜椒中具抗氧化效果的 β 胡蘿蔔素、維生素 C、E、葉綠素，以及蝦子中的蝦青素、魷魚與扇貝中可強化皮膚的牛磺酸，還有七味粉中可提升代謝量的辣椒素，徹底擺脫皮膚問題！

甜椒

紅甜椒具有保護皮膚及黏膜的辣椒紅素，黃甜椒則含有改善眼睛疲勞的葉黃素！

配菜 小菜 ●美膚

韓式甜椒煎餅

材料（2 人份）

（直徑 20 公分的平底鍋 1 鍋的份量）

甜椒（紅、黃）各 1/2 個
麵粉……100 公克
雞蛋……1 顆
水……80 毫升
鹽……1/3 小匙
鹽昆布……5 公克
麻油……適量
A 韓式辣醬……1 大匙
A 日式柚子醋醬油……2 大匙
B 韓式辣醬……1 大匙
B 美乃滋……1 大匙
水田芥……適量

做法

1 甜椒切除莖的部分後，連囊與籽一起切成薄片。
2 將麵粉、雞蛋、水、鹽、鹽昆布放入碗中，充分混合，再加入 1 拌勻。
3 將麻油倒入平底鍋，等油熱，倒入 2 的混合物使之鋪滿整個鍋面，再蓋上鍋蓋以偏弱的中火蒸煎。煎至焦黃便翻面，然後再次蓋上鍋蓋直至另一面也煎至焦黃為止。
4 起鍋後切成方便食用的大小即可盛盤。最後以水田芥做裝飾，並將 A 和 B 分別拌勻做為兩種沾醬一同上桌。

營養筆記

●提升美的力量！

利用甜椒中具抗氧化效果的 β 胡蘿蔔素、可製造膠原蛋白以維持肌膚緊緻的維生素 C，以及可增進新陳代謝的維生素 E，讓皮膚常保美麗！

甜椒

甜椒中具有提升免疫力、抗氧化、防止老化等效果的胡蘿蔔素，以油拌炒後吸收率會更高！

主菜

美膚
抗老化

甜椒湯咖哩

材料（2 人份）

甜椒（紅、黃）····各 1 個
胡蘿蔔····················1/2 根
熱狗·························4 根
秋葵·························4 根
雞蛋·························1 顆
橄欖油······················適量
咖哩塊（切碎）
····················約 30 公克

A
- 蔬菜高湯 ·····600 毫升
- 高湯塊 ·················2 塊
- 蒜泥 ·············1/2 小匙
- 薑泥 ················2 小匙

咖哩粉（依個人喜好）

做法

1. 甜椒切除莖的部分後，連囊與籽一起切成方便食用的大小。胡蘿蔔則徹底洗淨，再連皮一起切滾刀塊。
2. 以水煮雞蛋 14 分鐘，做成水煮蛋，剝殼後對半切開。
3. 將橄欖油倒入鍋中，放入 1 和熱狗，以中火拌炒，炒至甜椒軟化且所有食材皆均勻包覆橄欖油後，加入 A 並蓋上鍋蓋，以小火燉煮至甜椒軟爛（約 20 分鐘）。
4. 將咖哩塊放入 3 攪拌至完全溶解，然後放入秋葵煮滾。最後依個人喜好加入適量咖哩粉拌勻，即可關火盛盤，並放上水煮蛋。

營養筆記

● **辣椒紅素的威力**

甜椒所含的辣椒紅素具有抗氧化作用，由於能使好的膽固醇增加，故有預防老化及動脈硬化的功效。近年來更因被發現具有預防癌症的效果，而大受矚目！

滿滿的茄子超健康！再加上起司的美味，讓人筷子停不下來！

主菜 小菜

抗老化

茄子

茄子皮中含有一種叫做茄黃酮苷的成份，據說有抗氧化作用，還能預防癌症、動脈硬化並且防止老化！

茄子煎餃

材料（2 人份，10 個）

茄子……1 根（100 公克）
牛豬混合絞肉…100 公克
昆布茶………1 又 1/2 小匙
披薩用起司絲……60 公克
餃子皮（大片）……10 片
麻油…………………適量
日式柚子醋醬油……適量
柚子胡椒…………………適量

做法

1 茄子連蒂頭一起切碎。
2 在碗中放入 1、絞肉、昆布茶、披薩用起司絲，充分攪拌後，分成 10 等份，以餃子皮包成餃子狀。
3 將麻油倒入平底鍋加熱，把餃子排列於鍋中以大火油煎。待餃子底部呈現焦黃色，就倒入約達餃子的 1/3 高度的水，然後蓋上鍋蓋蒸煎至水份蒸乾（約 10 分鐘）。接著打開鍋蓋，再繼續煎到水份完全乾掉為止。
4 起鍋盛盤，沾點日式柚子醋醬油及柚子胡椒享用。

營養筆記

抗老化食材

茄子含有具抗氧化效果的茄黃酮苷、綠原酸，以及可提高免疫力、將病菌及毒素排出體外之生物鹼，故能保護我們的身體避免老化！

茄子

茄子皮所含的茄黃酮苷除了能預防及改善眼睛疲勞、恢復視力外，其活化、保護、強化微血管的作用也十分值得期待！

主菜　配菜

抗老化
消除疲勞

豆腐茄子韓式味噌鍋

材料（2 人份）

茄子……………………… 2 根
板豆腐（切成方便食用的大小）……………100 公克
切成小片的豬肉‥50 公克
香菇（切片）………… 2 朵
青蔥（斜切）……… 1/2 根
蒜泥…………………… 1/2 小匙（蒜頭 1 瓣）
味噌………………… 50 公克
韓式辣醬…………… 20 公克
水…………………… 400 毫升
砂糖………… 1 又 1/2 小匙
麻油…………………………適量
蔥綠部分切成的蔥花 適量
辣椒粉（依個人喜好）……………………………適量

做法

1 茄子連蒂頭一起，沿縱向切成 6 等份，再對半切（12 等份。基本上就是切成如圖般易入口的長條形）。
2 將麻油倒入鍋中，放進茄子、香菇、青蔥、豬肉片，以中火拌炒，炒軟後放入韓式辣醬充分拌勻。
3 將水、蒜泥加進 2，蓋上鍋蓋用小火燉煮。
4 煮至茄子軟爛，關火，溶入砂糖、味噌。接著放進豆腐，再次開火加熱，煮滾即可關火。
5 盛入合適的容器中，灑上蔥花，食用時還可依個人喜好灑上辣椒粉。

營養筆記

● 能量補給

以豬肉中可產生能量並提供給神經、肌肉等的維生素 B1，搭配青蔥和蒜頭中可促進食慾的大蒜素，振奮你疲累的身體！

只用魚露調味！3個步驟就
能輕鬆完成的美味炒飯！

花椰菜

飯類

●排毒
●抗老化

花椰菜的莖富含維生素C、胡蘿蔔素，可強化皮膚及黏膜，美容效果值得期待！

花椰菜炒飯

材料（2人份）

白飯……200公克
綠花椰菜……1/2顆（100公克）
蒜頭（切片）……1瓣
罐頭鮪魚…80公克（1罐）
雞蛋……1顆
魚露……1大匙
橄欖油……2大匙、適量
白芝麻……適量

做法

1 花椰菜連莖一起切碎。
2 將橄欖油（2大匙）倒入平底鍋，加進蒜頭以小火炒香，再放入花椰菜、罐頭鮪魚，炒軟後，放入魚露調味。
3 將白飯加進2充分拌炒，然後把飯撥到平底鍋邊緣，在鍋子中間空出的部分倒入橄欖油（適量），再加進打散的雞蛋。待雞蛋呈半熟狀態，就將全體一起炒勻，接著關火盛盤，最後灑上白芝麻。

營養筆記

●**解毒作用**
花椰菜所含的蘿蔔硫素具有強力解毒作用，是植化素的一種，能將致癌物質排出體外。以癌症預防為首，在這方面已有許多相關的研究報告出現！

花椰菜

花椰菜莖含有具抗氧化作用的槲皮素，而改善血液循環的效果也很值得期待！

主菜 小菜

排毒
美膚

香草麵包粉烤花椰菜

材料（2人份）

綠花椰菜⋯⋯⋯⋯180公克
雞腿肉⋯⋯⋯⋯⋯160公克
奶油起司⋯⋯⋯⋯80公克

A
- 蒜泥⋯⋯⋯⋯⋯⋯1瓣
- 起司粉⋯⋯⋯⋯2大匙
- 麵包粉⋯⋯⋯⋯2大匙
- 切碎的巴西里（洋香菜）⋯⋯⋯⋯1/2小匙
- 橄欖油⋯⋯⋯⋯2小匙

做法

1. 將花椰菜分成小朵（12朵），莖的部分則切成圓片（8片）。放在耐熱容器中，覆上保鮮膜，放入微波爐中以500瓦加熱1分30秒左右。
2. 雞肉切成一口大小（8等份）。
3. 以小朵花椰菜、花椰菜莖、雞肉的順序，重覆2遍，用竹籤串起，最後再串上小朵花椰菜。總共串成4串。在表面塗上奶油起司，再於奶油起司上灑A混合物。
4. 在烤盤上鋪一層錫箔紙，將3排列於其上。由於露在食材外的竹籤部分會燒焦，所以要裹上錫箔紙。將烤盤整個放入烤箱內（800～1000瓦的烤箱）烘烤20分鐘左右，待肉熟透，即可盛盤。

營養筆記

膠原蛋白＋維生素C

花椰菜所含的維生素C，能夠有效促進雞肉中堪稱肌膚緊緻根源之膠原蛋白的吸收，對皮膚而言簡直就是最強組合！故請積極地同步攝取。

可充分享受玉米的甘甜美味
的暖呼呼湯品！

玉米

玉米鬚具有利尿、止血、降血壓的效果，是預防水腫的好食材！

湯品

消除便秘
抗老化

玉米豆芽韭菜湯

材料（2 人份）

玉米……1 根
水……400 毫升
豆芽菜……50 公克
韭菜……1/4 把
中式高湯粉……1 大匙
太白粉水
　太白粉、水……各 2 小匙
麻油……適量
（白）芝麻粉……適量

做法

1 玉米剝除外皮和鬚。韭菜切成 5 公分長。
2 以大量的水將玉米煮軟，濾除水分後，切下玉米粒。
3 將玉米芯、玉米鬚和水放入鍋中，用小火煮 10 分鐘左右。
4 將 3 過濾後，把濾出來的高湯與玉米粒一起放入果汁機打成果汁狀。
5 將 4 倒進鍋內，用中火煮至沸騰，然後加入中式高湯粉調味。接著倒進太白粉水勾芡後，放入豆芽菜煮滾，再放韭菜稍微攪拌，即可關火。最後盛入合適的容器中，並灑些麻油、芝麻粉。

營養筆記

膳食纖維含量

改善便秘效果十分值得期待的膳食纖維，在玉米中的含量遠勝於其他蔬菜及穀物！

玉米

玉米芯是木糖醇的原料，天天吃，可有效預防蛀牙！

主菜 配菜 消除便秘

玉米燴蛋

材料（2人份）

玉米……………………1根
水……………………250毫升
鹽……………………1/4小匙
香菇（切片）…………2朵
水煮竹筍（切片）
……………………40公克
雞蛋……………………3顆
砂糖……………………1小撮
玉米高湯………………2大匙
A
玉米高湯……200毫升
薑泥……………2小匙
砂糖……………1大匙
鹽………………1/2小匙
醬油……1又2/3大匙
醋………………2小匙
太白粉水
太白粉、水……各2小匙
橄欖油……………………適量

做法

1 玉米剝除外皮和鬚，用大量的水煮軟，濾除水分後，切下玉米粒。
2 將玉米芯、玉米鬚和水放入鍋中，以小火煮10分鐘左右，過濾，即成玉米高湯。
3 將雞蛋、砂糖、鹽、玉米高湯（2大匙）放入碗中充分攪勻，再放入香菇、竹筍、玉米粒拌勻。
4 將橄欖油倒入平底鍋，接著倒進3，蓋上鍋蓋以小火蒸煎後盛盤。
5 把A放入鍋中用中火加熱至沸騰，以太白粉水勾芡，澆在4上。最後還可用蘿蔔嬰（未列於材料中）做裝飾。

營養筆記

● 玉米鬚是不折不扣的中藥材

玉米鬚本身是一種中藥材，在日本也稱為「南蠻毛」，對於生理期前的焦躁不安、身體不適，亦即所謂的經前症候群，也有很不錯的改善效果。

苦瓜

苦瓜的囊與籽含有共軛亞油酸，其脂肪分解效果十分令人期待！

小菜

抗老化

苦瓜培根捲

材料（2 人份）

苦瓜……1/2 根
培根……6 片
美乃滋……1 大匙

A
- 砂糖……2 大匙
- 醬油……2 大匙
- 酒……2 大匙
- 味醂（米霖）‥2 大匙
- 黑醋……2 大匙

做法

1. 將苦瓜沿縱向切成 6 等份長條狀。
2. 以培根捲起苦瓜條。
3. 將美乃滋放入平底鍋加熱，把 2 以培根捲末端開口朝下的方式放入鍋中，蓋上鍋蓋用偏弱的中火蒸煎 8 分鐘左右，翻面後再蒸煎 8 分鐘。期間須不時翻動，以免燒焦，蒸煎至苦瓜軟化為止。
4. 待苦瓜軟化，將 A 攪勻後加入平底鍋，煮至醬汁變濃稠，即可盛盤。

營養筆記

● 如何去除苦瓜的苦味

搭配少量砂糖及雞蛋、豬肉等蛋白質，便能消除苦味，轉化為甜味。另外，加點美乃滋也會有很驚人的消除苦味效果喔！

苦瓜

苦瓜囊與苦瓜籽的維生素 C 含量，約莫是瓜肉的 3 倍之多！

小菜　抗老化

香煎苦瓜排

材料（2 人份）

苦瓜（切成 1 公分厚的圓片狀）……1/2 根（約 80 公克）
鹽、胡椒……適量
麵粉……適量
A 雞蛋……1 顆
A 起司粉……2 大匙
橄欖油……適量
B 番茄醬……2 大匙
B 日式中濃醬……2 大匙
柴魚片…適量

做法

1 於苦瓜兩面灑上鹽、胡椒，然後裹上麵粉。
2 將 A 充分混合後，沾裹於 1 的表面。
3 將橄欖油倒入平底鍋中加熱，再放入 2，並蓋上鍋蓋用中火蒸煎 5 分鐘。
4 打開鍋蓋，將 3 剩餘的蛋液倒在苦瓜表面後，翻面，蓋上鍋蓋以中火再蒸煎 5 分鐘。
5 盛盤，澆上 B 醬汁，最後灑上柴魚片。

營養筆記

● **苦瓜與柴魚片是最佳拍檔**
據說苦瓜的苦味配上柴魚的鮮味，能增強舌頭至大腦的神經訊號，讓美味與濃郁感倍增！另外柴魚片還會吸附苦瓜的苦味呢。

香菇

連梗一起吃，便能大量攝取可提升免疫力的 β 葡聚醣及膳食纖維！

主菜　小菜　抗老化

香菇魚漿煎餅

材料（2 人份）

日式魚豆腐（常見於關東煮的鬆軟魚漿製品）
………1/2 片（50 公克）
香菇……………………2 朵
乾燥櫻花蝦…………5 公克
雞蛋……………………1 顆
太白粉………………2 大匙
鹽………………………1 小撮
橄欖油…………………適量
A
- 水、砂糖、味醂（米霖）、醬油……………各 1 大匙
- 酒……………………2 大匙
- 薑泥…………………1 小匙

太白粉水
太白粉、水‥各 1/2 小匙
青蔥（切成蔥花）…適量

做法

1 將香菇連梗一起切片。
2 用果汁機或食材處理機，把雞蛋和日式魚豆腐一起打成泥（或用菜刀將魚豆腐剁成泥，再與雞蛋充分攪勻）。再和 1、櫻花蝦乾、鹽、太白粉一起放入碗中拌勻，分成 2 等份後，捏成圓餅狀。
3 將橄欖油倒入平底鍋，放入 2 並蓋上鍋蓋，用偏弱的中火蒸煎 5 分鐘。待一面煎得焦黃便翻面，再次蓋上鍋蓋蒸煎 5 分鐘。
4 另取一平底鍋，放入 A，加熱至沸騰，再放入太白粉水勾芡。
5 將 3 盛盤，淋上 4，最後灑上蔥花做裝飾。

營養筆記

● 讓血管有彈性
香菇所含的香菇嘌呤成份可降低血液裡的膽固醇，據說有維持血管正常的效用，能使血液清爽不黏膩！

水芹菜

連根吃，就能有效攝取水芹菜所含的鐵質與膳食纖維，改善貧血及便秘！

水芹菜根炒金平牛蒡

小菜

舒緩放鬆
抗老化

材料（2 人份）

水芹菜……………… 50 公克
胡蘿蔔……………… 40 公克
芹菜………………… 40 公克
牛蒡………………… 40 公克
辣椒………………………… 1 根
橄欖油……………… 1 大匙
A
蜂蜜 ……………… 2 小匙
醬油 ……………… 2 小匙
（白）芝麻粉‥ 2 大匙
柚子胡椒 …… 1/5 小匙

（譯註：「金平」是一種典型的日本料理，主要以砂糖和醬油拌炒切成細絲狀的根莖類蔬菜。）

做法

1 水芹菜先去掉葉子部分，將根與莖切成 5 公分長。胡蘿蔔和牛蒡切成 5 公分長的細絲，芹菜除去硬絲後，也切成 5 公分長的細絲。辣椒去籽，切成圈狀。

2 將橄欖油倒入平底鍋，放入辣椒以小火炒香，然後放入牛蒡、胡蘿蔔，以中火拌炒，待牛蒡軟化，即放入水芹菜的根、莖，以及芹菜拌炒。炒至軟化，再加進 A 拌勻。最後放入部分水芹菜的葉子充分混合，即可關火盛盤。

營養筆記

水芹菜根活用法

水芹菜根除了可食用外，還可切碎後以布包起，於泡澡時使用。利用水芹菜根來泡澡，能讓身體變得暖呼呼，對於舒緩肩頸痠痛及感冒初期症狀相當有效！

胡蘿蔔

胡蘿蔔葉的維生素 C 含量是胡蘿蔔本身的 5 倍之多，鐵質是 4 倍，鈣質則為 3 倍！

配菜　小菜

- 預防骨質疏鬆症
- 抗老化

胡蘿蔔葉炒小魚豆皮

材料（2 人份）

胡蘿蔔的葉子……40 公克
豆皮……2 片
吻仔魚乾……20 公克
橄欖油……適量
鹽、胡椒……適量

A
- （白）芝麻醬……1 大匙
- 日式柚子醋醬油……1 又 1/2 大匙
- 蜂蜜……2/3 小匙

做法

1. 將豆皮去油（以滾水川燙）後，充分瀝乾。
2. 胡蘿蔔葉切成 5 公分長。
3. 把橄欖油倒入平底鍋，以中火將 1 煎得兩面焦脆後，灑上鹽與胡椒。關火，取出豆皮，利用鍋中餘熱拌炒 2 至軟化。接著將取出的豆皮切成小條。
4. 將 A 放入碗中充分攪勻，再放入 3 與吻仔魚乾一起拌勻，即可盛盤。

營養筆記

● 健骨料理

以豆皮中的異黃酮來調節體內荷爾蒙的平衡，以小魚中的鈣質保持骨骼健康，並且利用橄欖油與小魚所含的維生素 D，以及胡蘿蔔葉與小魚中的鎂來提升鈣質吸收。另外橄欖油與胡蘿蔔葉中的維生素 K 還可強健骨骼，降低罹患骨質疏鬆症的風險。

白蘿蔔

白蘿蔔葉屬於黃綠色蔬菜的一種，胡蘿蔔素、膳食纖維、鐵質、鈣質的含量特別豐富！

湯品

消除疲勞
燃燒脂肪

白蘿蔔葉柴魚梅子湯

材料（2 人份）

白蘿蔔葉⋯⋯⋯⋯20 公克
柴魚片⋯⋯⋯⋯⋯⋯6 公克
日式醃梅子（鹽份 7%）
⋯⋯⋯⋯⋯⋯⋯⋯⋯⋯2 顆
（約 25 ～ 30 公克）
醬油⋯⋯⋯⋯⋯⋯⋯2 小匙
熱水⋯⋯⋯⋯⋯⋯300 毫升
麻油⋯⋯⋯⋯⋯⋯⋯1 小匙

做法

1 將白蘿蔔葉切碎，梅子去籽後剁成泥。
2 準備兩個湯碗，分別放入一半份量的白蘿蔔葉、梅子、柴魚片、醬油，然後各倒入 150 毫升的熱水，攪拌均勻。
3 最後淋上麻油。

營養筆記

燃燒吧，脂肪！

柴魚片所含的組胺酸成分，可由酵素合成為組織胺。組胺酸據說有抑制食慾及促進脂肪燃燒的效果，所以是減肥時的好夥伴！

國家圖書館出版品預行編目 (CIP) 資料

少一個動作＋多一點健康 連皮帶籽一起吃的 全食物蔬菜
料理 63 / 青木敦子作；陳亦苓譯 ．—— 初版 ．—— 新北市
：遠足文化，2016.05 —— (Buono；15)
譯自：皮ごと野菜レシピ 63
ISBN 978-986-93000-0-1 (平裝)
1. 食譜

427.1   105004513

Buono 15
少一個動作＋多一點健康 連皮帶籽一起吃的

全食物蔬菜料理63

皮ごと野菜レシピ 63

作者——— 青木敦子
譯者——— 陳亦苓
總編輯—— 郭昕詠
責任編輯— 李宜珊
編輯——— 王凱林、賴虹伶、徐昉驊、陳柔君、黃淑真
通路行銷— 何冠龍
封面設計— 霧室
排版——— 健呈電腦排版股份有限公司
社長——— 郭重興
發行人兼
出版總監— 曾大福
出版者—— 遠足文化事業股份有限公司
地址——— 231 新北市新店區民權路 108-2 號 9 樓
電話——— (02)2218-1417
傳真——— (02)2218-1142
電郵——— service@bookrep.com.tw
郵撥帳號— 19504465
客服專線— 0800-221-029
部落格—— http://777walkers.blogspot.com/
網址——— http://www.bookrep.com.tw
法律顧問— 華洋法律事務所　蘇文生律師
印製——— 成陽印刷股份有限公司
電話——— (02)2265-1491

初版一刷 西元 2016 年 5 月

KAWAGOTO YASAI RECIPE 63
© ATSUKO AOKI, SO-PLANNING, FUTABASHA 2014
All rights reserved.
First published in Japan in 2014 by Futabasha Publishers Ltd., Tokyo.
Traditional Chinese translation rights arranged with Futabasha Publishers Ltd. through AMANN CO., LTD.